高等院校"十三五"应用型艺术设计教育系列规划教材

产品设计原理与方法

主　编　熊杨婷　赵　璧　魏文静
副主编　彭朝阳

U0295825

合肥工业大学出版社

序

目前艺术设计类教材的出版十分兴盛，任何一门课程如《平面构成》《招贴设计》《装饰色彩》等，都可以找到十个、二十个以上的版本。然而，常见的情形是许多教材虽然体例结构、目录秩序有所差异，但在内容上并无不同，只是排列组合略有区别，图例更是单调雷同。从写作文本的角度考察，大都分章分节平铺直叙，结构不外乎该门类知识的历史、分类、特征、要素，再加上名作分析、材料与技法表现等等，最后象征性地附上思考题，再配上插图。编得经典而独特，且真正可供操作、可应用于教学实施的却少之又少。于是，所谓教材实际上只是一种讲义，学习者的学习方式只能是一般性地阅读，从根本上缺乏真实能力与设计实务的训练方法。这表明教材建设需要从根本上加以改变。

从课程实践的角度出发，一本教材的着重点应落实在一个"教"字上，注重"教"与"讲"之间的差别，让教师可教，学生可学，尤其是可以自学。它必须成为一个可供操作的文本、能够实施的纲要，它还必须具有教学参考用书的性质。

实际上不少称得上经典的教材其篇幅都不长，如康定斯基的《点线面》、伊顿的《造型与形式》、托马斯·史密特的《建筑形式的逻辑概念》等，并非长篇大论，在删除了几乎所有的关于"概念""分类""特征"的絮语之后，所剩下的就只是个人的深刻体验、个人的课题设计，于是它们就体现出真正意义上的精华所在。而不少名家名师并没有编写过什么教材，他们只是以自己的经验作为传授的内容，以自己的风格来建构规律。

大多数国外院校的课程并无这种中国式的教材，教师上课可以开出一大堆参考书，却不编印讲义。然而他们的特点是"淡化教材，突出课题"，教师的看家本领是每上一门课都设计出一系列具有原创性的课题。围绕解题的办法，进行启发式的点拨，分析名家名作的构成，一次次地否定或肯定学生的草图，无休止地讨论各种想法。外教设计的课题充满意趣以及形式生成的可能性，一经公布即能激活学生去进行尝试与探究的欲望，如同一种引起活跃思维的兴奋剂。

因此，备课不只是收集资料去编写讲义，重中之重是对课程进行设计有意义的课题，是对作业进行编排。于是，较为理想的教材结构，可以以系列课题为主，其线索以作业编排为秩序。如包豪斯第一任基础课程的主持人伊顿在教材《设计与形态》中，避开了对一般知识的系统叙述，而是着重对他的课题与教学方法进行了阐释，如"明暗关系""色彩理论""材质和肌理的研究""形态的理论认识和实践""节奏"等。

每一个课题都具有丰富的文件，具有理论叙述与知识点介绍、资源与内容、主题与关键词、图示与案例分析、解题的方法与程序、媒介与技法表现等。课题与课题之间除了由浅入深、从简单到复杂的循序渐进，更应该将语法的演绎、手法的戏剧性、资源的趣味性及效果的多样性与超越预见性等方面作为侧重点。于是，一本教材就是一个题库。教师上课可以从中各取所需，进行多种取向的编排，进行不同类型的组合。学生除了完成规定的作业外，还可以阅读其他课题及解题方法，以补充个人的体验，完善知识结构。

从某种意义上讲，以系列课题作为教材的体例，使教材摆脱了单纯讲义的性质，从而具备了类似教程的色彩，具有可供实施的可操作性。这种体例着重于课程的实践性，课题中包括了"教学方法"的含义。它所体现的价值，就在于着重解决如何将知识转换为技能的质的变化，使教材的功能从"阅读"发展为一种"动作"，进而进行一种真正意义上的素质训练。

从这一角度而言，理想的写作方式，可以是几条线索同时发展，齐头并进，如术语解释呈现为点状样式，也可以编写出专门的词汇表；如名作解读似贯穿始终的线条状；如对名人名论的分析，对方法的论叙，对原理法则的叙述，就如同面的表达方式。这样学习者在阅读教材时，就如同看蒙太奇镜头一般，可以连续不断，可以跳跃，更可以自己剪辑组合，根据个人的问题或需要产生多种使用方式。

艺术设计教材的编写方法，可以从与其学科性质接近的建筑学教材中得到借鉴，许多教材为我们提供了示范文本与直接启迪。如顾大庆的教材《设计与视知觉》，对有关视觉思维与形式教育问题进行了探讨，在一种缜密的思辨和引证中，提供了一个具有可操作性的教学手册。如贾倍思在教材《型与现代主义》中以"形的构造"为基点，教学程序和由此产生创造性思维的关系是教材的重点，线索由互相关联的三部分同时组成，即理论、练习与构成原理。如瑞士苏黎世高等理工大学建筑学专业的教材，如同一本教学日志对作业的安排精确到了小时的层次。在具体叙述中，它以现代主义建筑的特征发展作为参照系，对革命性的空间构成作出了详尽的解读，其贡献在于对建筑设计过程的规律性研究及对形体作为设计手段的探索。又如陈志华教授写作于 20 世纪 70 年代末的那本著名的《外国建筑史：19 世纪以前》，已成为这一领域不可逾越的经典之作，我们很难想象在那个资料缺乏而又思想禁锢的时期，居然将一部外国建筑史写得如此炉火纯青，30 年来外国建筑史资料大批出现，赴国外留学专攻的学者也不计其数，但人们似乎已无勇气再去试图接近它或进行重写。

我们可以认为，一部教材的编撰，基本上应具备诸如逻辑性、全面性、前瞻性、实验性等几个方面的要求。

逻辑性要求，包括内容的选择与编排具有叙述的合理性，条理清晰，秩序周密，大小概念之间的链接层次分明。虽然一些基本知识可以有多种不同的编排方法，然而不管哪种方法都应结构严谨、自成一体，都应生成一个独特的系统。最终使学习者能够建立起一种知识的网络关系，形成一种线性关系。

全面性要求，包括教材在进行相关理论阐释与知识介绍时，应体现全面性原则。固然教材可以有教师的个人观点，但就内容而言应将各种见解与解读方式，包括自己不同意的观点，包括当时正确而后来被历史证明是错误或过时的理论，都进行尽可能真实的罗列，并同时应考虑到种种理论形成的文化背景与时代语境。

前瞻性要求，包括教材的内容、论析案例、课题作业等都应具有一定的超前性，传授知识领域的前沿发展，而不是过多表述过时与滞后的经验。学生通过阅读与练习，可以使知识产生迁延性，掌握学习的方法，获得可持续发展的动力。同时一部教材发行后往往要使用若干年，虽然可以修订，但基本结构与内容已基本形成。因此，应预见到在若干年以内保持一定的先进性。

实验性要求，包括教材应具有某种不规定性，既成的经验、原理、规则应是一个开放的系统，是一个发展的过程，很多课题并没有确定的唯一解，应给学习者提供多种可能性实验的路径、多元化结果的可能性。问题、知识、方法可以显示出趣味性、戏剧性，能够激发学习者的探求欲望。它留给学习者思考的线索、探索的空间、尝试的可能及方法。

由合肥工业大学出版社出版的本系列教材，即是在当下对教材编写、出版、发行与应用情况，进行反思与总结而迈出的有力一步，它试图真正使教材成为教学之本，成为课程的本体的主导部分，从而在教材编写的新的起点上去推动艺术教育事业的发展。

邬烈炎

南京艺术学院设计学院院长　教授

前言

　　工业设计是随着社会的发展、科学的进步、人类社会进入现代生活而发展起来的一门新兴学科。工业设计从诞生之日起，就不断给世界带来惊喜，且在一个多世纪的发展过程中，不断被注入新的内涵。产品设计原理和方法是工业设计专业的一门重要课程。作为一种现代设计的理论和方法，它不同于传统的工程设计，也不同于一般的艺术设计，而是具有多学科互相渗透、交融的特点，不仅包括对产品功能、结构、材料、工艺以及产品形态、色彩、表面处理、装饰工艺等方面的设计，还包括与产品有关的社会的、经济的以及人的各方面因素的综合设计。它充分运用了系统工程设计的基本理论与现代设计的技术手段，使现代工业产品尽可能给使用者以最高的效率、最大的方便及美的享受。同时，工业设计可以给生产企业带来一定的经济效益，给人类社会的物质文明和精神文明带来进步。

　　近十年来，工业设计在我国蓬勃发展，目前的应用已进入建筑、工业、商业、外贸、运输、环境保护等领域。就产品设计而言，我国与许多发达国家相比还存在一定差距，要想全面提高我国工业产品的质量，必须大力推进设计教育，更新设计观念，不断发展新的设计理论和设计方法。

　　本书由湖北工程学院熊杨婷老师、广东工业大学赵璧老师、山西传媒学院魏文静老师担任主编。全书内容按照工业设计专业教学计划需要编写，内容涉及产品设计第一阶段学习的基础训练，重点介绍产品设计的概念和设计方法，适合高等院校工业设计专业课堂教学，也可作为其他专业设计课程的参考资料。

　　本书的编写和出版，得到合肥工业大学出版社的大力支持和热情帮助，谨在此表示衷心的感谢。由于编者水平有限，书中难免有错误和疏漏之处，敬请广大读者给予批评指正，不胜感激！

编　者

2017 年 9 月

目录
contents

第一章 绪 论

学习目标：

产品设计是工业设计的主要内容，是从人的需求出发，以工业化生产为手段，为使用者提供实用、经济、美观的产品的设计开发活动。学习产品设计首先要明确其出发点、手段和目标。

学习重点：

1.产品设计概念的建立；

2.产品设计战略意义的认识；

3.产品设计原则的理解。

学习难点：

产品设计概念与产品设计战略意义的认识。

第一节 产品设计概念

广义的产品设计包括人类的一切造物活动。现代意义的产品设计即对产品的造型、结构和功能等进行综合设计，以便制造出符合人们需要的实用、经济、美观的产品。因此，产品是指人类生产制造的物质财富，它是由一定物质材料以一定结构形式结合而成的和具有相应功能的客观实体，是人造物，不是自然而成的物质，也不是抽象的精神世界。

工业产品应具有明确的使用功能及与其相适应的造型，这两者都须由某种结构形式、材质和工艺方案来保证，才能创造出理想的产品。由此看出，产品设计具有三个要素，即功能基础、物质技术基础和美学基础，功能体现产品的实用性，物质技术条件反映产品的科学性，形象的塑造显示产品的艺术性。它们相互依存、相互制约、相互渗透，成为完整的产品中不可缺少的部分。

一、功能基础

功能就是产品的用途与性能，既是产品的设计目的又是产品赖以生存的根本条件。每件工业产品都应具有使用功能，如机床有加工零件和组装分选零部件的作用，电子计算机有储存信息和高速准确运算的功能。功能对产品的结构和造型起着主导的、决定性的作用。一般精密的加工机床、仪器仪表在造型上应表现出高级、雅致和精巧的艺术效果；大型、高强度、大容量的机器设备，应表现出庄重、坚固和稳定的艺术效果。

图1-1 婴幼儿监控设备

功能决定造型，造型表现功能，但造型既不是简单的功能部件的组合，也不是杂乱无章的功能堆砌，而是建立在研究人和机器的关系之上，即机器、设备的设计要考虑人机系统的协调性，给人以亲近感，使人感到使用操作舒适、安全、省力、高效，从而更好地体现出功能特点和效用。（图1-1）

二、物质技术基础

物质技术基础是体现产品功能的保证，其中包括结构、材料、工艺、配件的选择，生产过程的管理以及采用合理的经济性条件。

产品的结构方式是体现功能的具体手段，是实现功能的核心因素。在考虑结构的同时须考虑所用的材料与加工工艺方法。不同的材料有不同的物理、化学、机械性能以及与其性能相适应的成形工艺，并具有不同的外观质量、肌理效果。其他如生产管理的好坏、经济上的合理性以及配件的选用等，也会直接影响产品的造型效果。

三、美学基础

工业产品的审美功能要求产品的形象有优美的形态，给人以美的享受。设计者根据形式法则、时代特征、民族风格，通过点、线、面、空间、色彩、肌理等一系列的要素，构成形象，产生审美价值。人们的审美观在诸多因素影响下，总是在不断发展变化的，所以产品设计须不断地总结经验，了解和掌握科学技术、文化艺术发展的趋势，寻求正确的审美观，灵活运用美学法则，深入研究形态构成、线型组织、色彩配置等造型理论、基本规律及方法，才能创造出有特色的产品形象。产品设计的三要素是互相影响、互相促进和互相制约的。一般，有什么样的功能，就要求与其相适应的造型形式；反之，造型形式也可使功能得到更好的发挥。如仪器仪表的设计，因为需要读数、操作，故要求各类表头设计须易读，计数器须准确、可视性好；显示器的显示信号须稳定、明确、清晰度高；各种操纵器的位置、方向、角度、排列、形状、大小等都要适合人的视觉和有关器官的活动特点和习惯。

功能基础是工业产品造型设计的主要因素，起着主导性和决定性的作用。但是，如果没有物质条件和工艺条件来保证，产品就很难体现出良好的功能。如果单纯强调功能而忽视造型美的探求，也就不能满足人们对产品的审美性要求。三者紧密结合才能创出优质产品。

产品设计是工业设计的主体。随着现代工业制造能力的不断提高，工业设计师将新的科学研究成果应用于产品的改良或创新产品的开发，使人类的想法不断变成现实，为使用者解决生活和工作中需要的更新、更好的产品，或提供更好的服务；另一方面也通过新产品在市场上的流通，为产品的生产者取得更多的利润。

产品设计的内容包括产品性能的研发、外观设计和市场推广的全过程。产品设计的核心是创新，其本质是重组知识结构，重组资源，激发创意，创造需求。（图1-2）

产品设计有两种类型：原创型和改良型。

四、原创型产品设计

原创型产品设计是指企业首次向市场导入能对人类的生活、生产和社会经济产生重大影响的新产品或新技术。从技术角度来看，如市场新推出的蓝牙技术、纳米技术；从产品的角度来看，

图1-2　机器人

如硬盘数码摄像机、MP3 播放机、彩屏手机、PDA、卫星导航器等。原创型技术和产品的出现，会造成现有技术和生产核心能力的过时，引起原有产品和技术的市场占有率的巨变。（图 1-3）

原创技术和产品常常能主导一个产业，从而彻底改变企业竞争的性质和基础。

原创型产品设计是一种应用新技术满足更高要求的创新活动，创新型产品开发的内容与方法的特点是：

（1）创新是原创型产品设计的首要特点；

（2）通过产品历史数据分析判断发展动向，预测产品市场；

（3）从现有事物及规律引申，应用相似性、模拟法、仿生学方法科学类比进行创新；

（4）系统地分析，包括产品与社会、产品与环境、产品与产品、产品内部系统；

（5）通过逻辑与反逻辑创新设计的逆向思维寻找事物内部的必然联系；

（6）模糊性：客户描述的需求模糊，完成设计的时间模糊，创新形态与结构模糊；

（7）风险：原创型产品存在较多的投资风险、技术风险和市场风险。（图 1-4）

图 1-3　自行车 LED 投影灯

图 1-4　可翻转的照相机

五、改良型产品设计

改良型产品设计是指以改良原有产品的技术和生产能力，节省资源和制造成本，完成预定功能目标的一般性设计开发工作。改良型产品设计虽然没有一目了然的效果，但是它对产品的成本性能有着巨大的积累性效果。

改良型的产品设计，一方面体现在工艺的改进和成本的降低上，另一方面体现在产品设计上。合理的产品设计，促使工业技术产生渐进性的变化，这种变化既提高了生产效率，又提高了产品的市场竞争能力。在此基础上，改良型产品设计将能使某一特定技术支撑的产品数量增大，结果既支持了规模经济，又支持了整体经济。虽然某些特定的改良型设计所能产生的进步是微不足道的，但持续进行的这类产品设计也能开创新的天地，从而实质性地改变企业获取竞争优势的方式。（图 1-5）

改良型产品设计在内容和方法上的特点是：

（1）从现有产品分析判断发展动向，预测未来市场；

图 1-5　扫地车

（2）产品系统分析：包括产品与社会、产品与环境、产品与产品、产品内部系统；

（3）信息分析：市场分析、需求分析、消费者分析、产品分析；

（4）优选：方案评估、比较、优选、优化、整合、再造；

（5）价值分析：价值目标、可靠性、生命周期；

（6）互动性：与客户互动、与环境互动、与市场互动、各学科领域互动。

第二节　产品设计作用

工业设计的目的，不仅仅是做出可用的东西，也不仅仅是做出一个可看的东西，设计的目的是使人们的生活更加便利、高效和舒适，为人们创造一个美的生活环境，向人们提供一个新的生活方式。工业设计是在设计人的生活方式，是在引导人们的生活潮流。纵观当今世界，那些发达的、经济条件好的国家，无不重视工业设计。20世纪70年代，瑞典国家工业委员会着手组织一个专门政府机构，系统规划国家的工业设计战略。美国、意大利、日本等国均设立国家元首工业设计顾问，全国性工业设计委员会，工业设计奖以及政府的工业设计专职部门。英国前首相撒切尔夫人曾亲自在唐宁街10号的首相官邸主持一个工业设计研讨会，研究制定英联邦国家发展工业设计的长期战略与具体政策，以及设计教育的投资问题。如此众多的国家和政府高级官员给予工业设计高度重视，说明设计在经济发展中已成为举足轻重的因素了。产品设计已不仅仅是技术工作，不仅仅是经济活动，不仅仅是艺术创作，还具有指导和教育大众的职能。工业设计师必须以自己的设计质量向人们表明工业设计的社会作用。概括起来，工业设计有以下几个作用：

（1）设计质量的提高和对产品各部分合理的设计、组织，促使产品与生产更加科学化；而科学化的生产必将推进企业管理的现代化。

（2）创新的设计，能促使产品开发和更新，提高市场竞争能力、推进产品销售、增强企业经济效益。

（3）设计充分适应和满足人对产品物质功能与精神功能两个方面的要求，使企业扩大了生产范围，给人们创造出多样化的产品

（4）设计的审美表现力成为审美教育的重要手段之一，优良的设计传达出来的艺术信息，远比绘画丰富。

第三节　产品设计原则

图1-6　儿童玩具

一、以人为本的原则

人是产品设计的中心，产品是满足人的需求的物质实现方式。产品设计首先要在内部机构与外部造型相调和的基础上，逐级实现人从操作使用到情感交流等各种层次的需求（图1-6）。建立于人文主义基础上的产品设计的求新求美原理，就是以人为本的设计美学的综合体现。其创新思路在于，产品在功能实现的过程中要融入对人无微不至的关心和体贴，外在的形式也好，内在的性能也好，美观与新颖首先是基于对人的本质需要的觉察，这种关怀进一步上升到对人的精神关怀，尤其是对特殊人的关怀，

如老年人、残疾人等。在设计活动中还应考虑到产品、人的活动以及环境三者之间的相互作用，产品一方面适应环境，给人提供充分的便利，另一方面应尽量调动人自身的能动性、创造力。比如各种电子类产品、儿童玩具、家具产品中"DIY（Do it yourself）"产品的不断涌现，不仅使用户成为产品的创造者和使用者，无形中也建立起其成就感，形成与产品的良好沟通。只有意识到设计这种中介性，才能形成创新性的产品设计。

当然，求新求美的具体实现手段离不开形式美的创造，这就需要运用造型法则进行艺术性地创新。在当今的时代与社会背景下，美的标准已不仅仅停留在单纯的审美法则，市场的审美趣味、科技美的介入导致在赋予产品设计"美观"特性时需要综合市场、技术、人文等多方因素，创造内外和谐、积极健康、亲切灵动的产品形态。

二、经济性原则

产品的价值，一方面在于使用价值，一方面在于附加价值。两者都是实现经济价值的重要组成要素。

所谓经济适用，注重的是对产品使用价值的创新。使用价值是直接面对需求而赋予的产品特性。需求是"设计"活动原始的出发点，是生产的动机和目的。随着市场经济的进一步完善，社会需求的多元化发展加快了产品更新换代的速度，加大了市场竞争的程度，并引起消费结构和生产结构的变化和调整，产品创新设计的地位也越来越重要。提升产品的使用价值，关键在于及时正确地把握需求，因此认真做好市场调研，掌握市场信息、市场动向和消费趋势、消费心理成为设计活动的必不可少的工作。具体说来，也就是需要多层次、多渠道、多侧面地收集有关市场信息和技术资料，重点了解分析和掌握国际国内市场需求的时空差，即近期和远期的需求差别、地区和对象的差别、国内外市场的差别，以及同行竞争能力的差别，从而谋求新产品的突破与创新。

使用价值的创新还需要以经济与技术的标准加以评价，以进一步明确实现创新的成本与收益的合理关系，使其成为适产适销的产品设计。这就需要设计师强化产品使用效果的预估，在提高附加价值的前提下，促进产品优化，提高其使用价值。而现代设计正是通过把握产品使用效果的预估，提高产品附加价值，以取得最大的经济利益。

三、科技先导的原则

以科技成果为先导，通过设计加快其向产品的适时转化，是更新或创新产品，实现从知识创新、技术创新到设计创新的有效途径（图1-7）。当今的高新技术产业正蓬勃发展，其生命力在于不断发明和创新。它要求先进的工艺技术尽快转化为产品，迅速进入市场，并使产品不断更新。产品设计使科技进步落到实处，使有形的物资转化为设计成果，扩大了科技成果的市场优势。当年主要向美国购买技术的日本，从美国人手中夺走许多市场，关键原因就在于日本人懂得及时用新产品保持市场优势、科技先导适时转化的产品创新原理，实际上也就是强调产品设计中对先

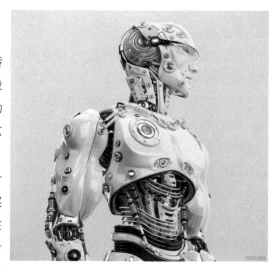

图1-7 智能机器人设计

进技术、现有技术、可利用技术、包括专利成果的有效使用与转化。微波炉的设计就是很好的例子。在微波炉产生之前，微波加热技术在工业领域的应用已有相当长的时间，直到有人将烹饪中对无污染的需求与之相联系后，才创造性地将其应用于家电领域，产生创新的炉具设计。如今针对有些人对烧烤食物这一烹饪方式的热衷，石英管加热技术又被引入。微波炉在升级换代设计的同时，功能上又有了创新；同时，由于材料技术、电子技术等等的发展，微波炉从内胆的物理化学性能到防微波泄露性能，乃至外壳成型及表面处理，都在不断推陈出新。利用现有技术尚能获得这样的效果，在高新技术产业中，层出不穷的新兴技术成果如果能及时转化为新产品，或帮助原有产品改善性能、改进结构、改变外形，则将产生更具时代意义的创新成果。（图1-8）

图 1-8　扫地机器人

在高新技术向创新性产品转化过程中，不能忽视人性化设计的思想。首先，通过先进技术赋予产品以智能性，通过良好的智能化人机界面设计，把高难度技术变成人人都能轻松应对的操作，使高新科技产品具有高性能、高品位、高情感、高附加值，成为生活、工作、学习和娱乐中的亲切伙伴。其次，从可识别性方面入手，加强高科技产品的语义传达功能。产品的形式明确地表现出它的功能，将复杂无秩序构件以简化的外壳加以防护隐蔽，而着重突出外部明晰而有秩序的标志、指示符号和操作部件，这就使得内在的功能性和精确性和谐地表现出来。另外，在产品语言的处理上，一方面要恰当运用产品符号，比如通过形体的变化，平衡向不平衡的转化，引起心理的紧张和注意，从而使人产生期待，使指示符号产生更突出的效果；另一方面，在构成产品语言时，符号的运用要避免认知的障碍并具有可习惯性，由使用活动过程本身的逻辑形成的产品特征就容易为人辨别，最主要的符号应该是简单明了，使人易于感知，指示符号应围绕产品的主要功能和使用方法，此外各种符号的元素应具有同调性，并有一定的信息冗余，以保证信息传达的可靠性。最后要注意的是，运用高科技于产品设计中时，要奉行适度性原则。产品设计的目标是以人为中心与主体来创造人—产品—环境—社会的和谐，满足人对物质功能与精神功能的需求，而不是把人变成产品的奴隶或依附物。在设计中若不注重人的需要，就会给人和自然带来负面作用。因此产品的创新绝不是对科技的滥用，而是提供安全、可靠、有效、舒适，有利于健康、满足人的生理要求与心理要求的设计活动。

四、可持续发展原则

有人说，从工业革命到信息革命，技术的每进一步，每一个新产品的诞生，都无一例外地影响了人类生存的环境。在环境污染、能源危机、生态危机的今天，人类才真正意识到，正是盲目的设计毁了人类自身及其生存的环境。

据美国国家安全委员会的一份最新的报告分析，1998 年美国共淘汰了 2000 万台电脑，但仅有约 230 万台被回收利用，另外还有 130 万台电脑的零件被重新组装；而电脑生产厂家制造一台个人电脑需要用到 700 多种化学原料，这些原料大约有一半都含有对人体有害的毒素，如将这些电脑垃圾进行掩埋或焚化处理，将会对空气和土壤造成严重的污染。因此，设计师在进行每项新设计时，都应该慎重地考虑产品设计的可持续发展问题。康柏电脑公司早在多年前就在此方面着手对个人电脑的重新设计以节省制造所需的材料和能源，结果使其在欧洲市场的定单大幅上涨。对环境负面影响甚大的汽车业也在大力开发使用新能源的汽车，以减少汽车对环境的污染。兰博基尼推出了一种以汽油和电能为混合动力的轿车，这一汽车可以交互使用汽油和电能源，时速可达 66 英里／小时，减少了汽车尾气对城市的污染。这些设计思路都无一例外地通过关注生态环境、围绕可持续发展战略在寻求产品设计中的创新。（图 1-9）

图 1-9　兰博基尼概念混合动力跑车

"可持续"是指人类的发展不能超越环境系统的更新能力，不能破坏自然资源质量及其所提供的服务，要使现存的生态状况在一定福利水平上维持人类的包括后代人的生活。"发展"是指满足人的基本需要，包含消除贫困、失业和收入的不平等。仅维持生态系统的可持续，而不追求发展或一味追求发展，以破坏生态平衡为代价，都不符合可持续发展的精神。

产品设计的宗旨在于创造一种合理和谐的生活方式，而生态与环境是这种生活方式最基本的前提。美国工业设计师协会每年评选的卓越产品设计奖把对环境的保护作为获奖的重要因素。德国则把对生态的保护作为产品设计最好的美德，使之上升到产品美学的高度，提倡尽量延长产品的使用寿命，消除一次性产品，提倡产品的重复使用。因此在产品的创新过程中，必须有强烈的社会责任感，而不是一味地以追求商业利润而标新立异。在设计中尽量避免浪费有限的、不可再生的资源，避免对环境和生态的破坏，发展重新利用报废产品的设计方案，并力求设计的产品有助于引导新的生活方式，达到与生态环境的和谐共生。

第四节　产品设计发展变迁

　　产品设计是随着现代工业的兴起而产生的，整体看来，产品设计可大致划分为三个发展时期。第一个时期是自 18 世纪下半叶至 20 世纪初期，这是产品设计的酝酿和探索阶段。在此期间，新旧设计思想开始交锋，设计改革运动使传统的手工艺设计逐步向工业设计过渡，并为现代工业设计的发展探索出道路。第二个时期是在第一次和第二次世界大战之间，这是现代产品设计形成与发展的时期。这一期间的产品设计已有了系统的理论，并在世界范围内得到传播。第三个时期是在第二次世界大战之后，这一时期的工业设计与工业生产和科学技术紧密结合，取得了重大成就。与此同时，西方工业设计思潮极为混乱，出现了众多的设计流派，多元化的格局也在 20 世纪 60 年代后开始形成。20 世纪 70 年代末以来，工业设计在我国大陆开始受到重视。1987 年中国工业设计协会成立，进一步促进了工业设计在我国的发展。20 世纪 80 年代以前中国的产品设计，主要是以机构功能设计和工艺美术装饰设计为主要特征。80 年代从西方引入的工业设计思想及工业设计教育的兴起，使中国的产品设计开始进入启动阶段。90 年代，随着中国改革开放的深入，产品设计开始进入以市场为导向的运作方式。中国是世界上最大的发展中国家，但我国的产品设计仍处于发展初期，各地区的产品设计发展不平衡，主要在北上广等经济发达地区得以应用。随着社会经济的快速发展，要想提升我国的国民经济，就要加大产品设计的投入以提升中国产品在国际上的竞争力。

本章作业

1. 简述产品设计的概念。

2. 产品设计的特征、原则是什么？

3. 如何理解产品设计的组成要素？

4. 要成为一名产品设计师，需具备哪些知识技能？

5. 如何理解"可持续发展"的原则？

第二章　产品功能设计

学习目标：

功能是产品的核心，产品设计的首要任务就是功能设计。本章通过对身边的产品从设计的角度进行功能的研究与分析，启发引导学生对产品功能设计概念与方法的理解。

学习重点：

1.产品功能设计的意义；

2.产品功能分析方法；

3.产品功能创新的原则。

学习难点：

产品功能分析与功能设计方法的掌握。

每一种产品都有其特定的功能，以满足消费者的某种需要。产品设计首先必须进行功能的设计，一方面要使产品的基本功能充分发挥出来，另一方面可通过采用新的技术和手段增加或扩大产品的功能，使产品的功能得到不断的创新和完善。产品功能设计的原理主要可概括为：

（1）功能开发：是指运用功能分析、功能定义、功能整理的基本方法，系统地研究、分析产品功能。通过功能系统分析，加深对分析对象的理解，明确对象功能的性质和相互关系，从而调整功能结构，使功能结构平衡、功能水平合理，达到功能系统的创新。（图2-1）

图2-1　多功能座椅

（2）功能的延伸：功能延伸是指沿着产品自身原有功能的方向，通过研究和试制，使开发出来的同类新产品的功能向前延伸，既保留了原有的功能，又在原有基础上扩大了功能，这种延伸了的功能往往优于原有的功能。

（3）功能的放大：产品功能比原产品的功能作用范围扩大或者是原有功能作用力度的增加，从而使新产品的功能放大，形成多功能的产品。

（4）功能组合：把不同产品的不同功能组合到一种新产品中，或者是以一种产品为主，把其他产品的不同功能移植到这种新产品中去。通过系统设计的定量优化可以实现功能的组合优化。（图 2-2）

图 2-2　座椅设计

产品设计的首要任务就是对产品功能的分析与设计。

产品是以功能为核心的，没有功能的存在，产品也将不复存在。而功能存在的前提条件是需求，即需求不存在功能也将不复存在。

通过对研发的产品进行功能系统分析，进而找到实现产品功能的技术与构造的解决途径，可称为产品的功能设计。虽然此时产品的形态与结构尚未确定，却可根据功能系统分析，合理地确定它应具备的功能，然后根据这些功能要求和约束条件去构思、设计，以实现产品功能的要求。

第一节　功能分析

功能分析是产品设计的中心环节之一。功能分析的一般方法是，通过分析产品及其各组成部分，用不同种类的词组简明、正确地将它们表达为功能，明确功能特性要求，进而绘制出产品功能系统图。

在进行产品的功能系统分析时，首先要从分析产品的总体功能开始，然后再分析那些为了实现这一总体功能而设置的子一级的功能，最后分析构成整个功能系统。

产品功能分析要注意以下几个问题：

一、明确用户的功能要求

用户购买产品是为了购买它的功能，因此，功能系统分析首先是从根本上搞清产品应具备的功能类别、功能内容和功能水平。产品应具备哪些功能，主要根据市场调查、用户意见和竞争需要而定，同时，又受到企业条件和社会环境的制约。功能要求与制约条件的关系见图 2-3 所示。

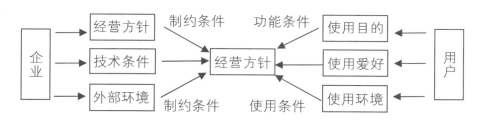

图 2-3　功能的制约

在用户要求方面，主要考虑使用目的、使用性能、使用环境、使用要求以及外观、价格、交货期等。企业条件方面主要考虑企业经营方针和生产条件。此外，还要考虑设计能力、试验条件、供应条件、销售能力等因素。（图 2-4）

图 2-4　调味碟设计

二、功能系统的研究

以产品为对象的功能分析，是分析产品的功能系统，而不是分析产品的结构系统，产品结构只是实现产品功能的方式和手段。对功能系统进行分析，可以从根本上突破产品原有实物形态的束缚，将传统的产品结构分析研究转移到对功能的分析研究上来。通过功能分析，进行功能设计及功能改善，从而改变（或创造新的）产品结构，这是价值工程之所以比一般技术设计、技术改革和技术改造中的常规做法更有效、更先进的重要原因。

三、可靠地实现必要功能

要可靠地实现对象的必要功能，就要剔除过剩功能，补充不足功能，或增加新的功能。通过功能系统分析，找出功能之间的逻辑关系，初步区分哪些是必要功能，哪些是过剩功能，哪些是不足功能，从而为改善功能结构、可靠地实现必要功能提供依据。

第二节 功能定义

产品的功能定义，就是用语言文字对产品所具备的功能进行抽象的描述，以表明产品的特征。通过功能定义把产品功能从产品实体中抽象出来，从而明确了产品和部件的功能性，摆脱了产品实体的结构、材料特性的束缚，有利于根据特定的功能设计出实现该功能的新的结构、材料、工艺方案。

产品的本质是功能。现有产品只是实现用户所需功能的方式或手段的一种形式，除此之外，还有许多其他的功能实现方式。所以我们有必要比较多种方式，从中选择成本低又能可靠实现功能的方案加以实施，以增加产品对使用者的有益程度。通过功能定义，透过产品实物形象，将隐藏在产品结构背后的本质——功能揭示出来，这样才能把握产品的所有功能，真正搞清用户要求的功能，以此作为分析改进的出发点。（图2-5）

图 2-5　冰箱设计

用户的需求是产品存在的依据。人们看到的往往是具体的产品，即实现功能需求的具体结构与方式。只有将功能和实现功能的具体结构与方式分离开来，才能重新审查现有产品所具有的各种功能是否为人们所需，从而明确用户要求的功能，并以新的方式去实现。

功能定义对产品本质的、抽象的描述，有助于我们理清产品的功能结构，区分必要功能、次要功能与多余功能。

用户对产品的关心，在于其功能是否满足需求，而非实现功能的具体形式。随着科技的发展，实现功能的方式与手段越来越多，对产品功能的抽象描述，有利于分离产品的功能载体（实物）与其所实现的功能，从而围绕着用户要求的功能进行本质的思考，以功能为中心对产品进行分析研究，摆脱现有产品的束缚，创造、设计出更具开拓创新性的替代方案供选择评价。

对产品的功能定义，就是为了更好地认识产品的目的以及实现这种目的的各种手段，并为后继的功能整理、功能评价和创新方案等奠定基础。

一、功能定义的要求

功能定义要求简洁、准确，对于一个简单产品来说，功能定义可能不会有什么困难，比如说，电灯的功能是照明，手表的功能是显示时间等；但对于一个复杂的产品，在功能定义时如果不遵循一定的步骤与方法，就较易引起混乱。一般来说，对功能下定义应该从主要向次要，从大到小地进行。

功能定义不仅定义产品的整体功能，还要对零部件（或各结构要素）的具体功能逐一定义。功能定义通过量化的词组，为功能评价阶段提供了评价标准，以功能区域作为对象来评价功能价值，确定提高价值的目标。只有合理地定义产品的功能，设计师才能明确对象所应具有的功能，才有可能准确地进行评价。

首先，要明确产品的目的，也就是用户的基本需求。这是功能定义的前提。

随后，明确产品的整体功能，即产品的最基本功能，并且注意区别它与产品目的之间的差异。比如熨斗的基本功能是提供热量，而它的产品目的是使衣物平整。

然后，在功能整体定义的基础上，由上而下、由主到次地逐级为产品的各构成要素明确功能定义。

最后，找出那些受使用条件、使用时间、使用环境等限制而派生的次要功能。

更具体地说，有以下几方面的要求：

（1）功能定义应尽量简洁并足够精确；

（2）完整的功能描述应包含主语、谓语和宾语；

（3）尽可能用一个动词和一个名词表述功能，必要时也可附加形容词；

（4）功能定义的动词部分应适当抽象，不涉及功能实现的具体技术手段或途径；

（5）功能定义的名词部分应使用可以定量分析的名词；

（6）明确可靠实现功能的制约条件——5W2H 设问法。

二、功能定义的方法

功能定义的表达必须简明准确，切合实际，一般尽可能只用一个名词加一个动词的动宾词组或主谓词组来描述。（图 2-6）

图 2-6　多功能相机架

常用的用于功能描述的动词有：保持、保护、防止、安装、固定、确定、支撑、悬挂、装载、引导、传递、接受、接收、改变、取消、停止、移动、降低、提高、增加、减少、膨胀、保留、拥有、提取、通过、转换、增强、压缩、改善、连接、断开、形成、阻挡、过滤、放出、放入、维护、提供、产生、限定、存储、吸收、加工、观察、驱动、供给、显示、消除、放大、缩小、扩充、隔绝、制约、弯曲等。

常用的动词与名词组合有：

增加——美观

提供——电力 / 能量

允许——进入 / 控制 / 连接 / 运动 / 旋转

盛容——燃料 / 油品 / 水

支撑——重量

控制——压力 / 转动

保持——温度

传递——力矩 / 电流 / 热量 / 能量

阻隔——热量 / 燃烧 / 震动

防止——泄露 / 生锈

接收——信号

吸收——热量

改善——外观等等

产品（或零部件）是承担功能的实体，也是功能描述语句中的主语，由动词加名词所表达的功能是从产品（主语）中抽象出来的本质，这样，在描述中就可以撇开原来的主语，用与原来实物形态无直接联系的词句描述产品，这就完成了将实物转换为功能的第一步。功能定义时必须用词准确，表达简洁，不可一词多义，含糊不清。

研究功能的特性有助于对功能的准确定义，比如对功能的分类研究，可明确功能的不同作用，或从不同的侧面看其作用和重要程度。从产品的使用者角度，可将功能分为使用功能和外观功能两种类型，使用功能主要满足用户的实际物质需求，外观功能主要满足人的审美需求；从产品功能的重要性角度考虑，可将功能分为基本功能和辅助功能两种类型，基本功能是产品必需的，而辅助功能有的是必需的，有的则是可有可无的。根据功能的类别特性定义功能，可更准确明了，也便于后期的功能整理。

1．使用功能的定义

使用功能大多是以一定的动作行为作用于某一特定的对象，要通过用户的"使用"环节来达到特定的用途。所以，对使用功能下定义时，要用由动词与名词构成的动宾词组来描述。动宾词组作为功能定义的主要形式，不仅可用于使用功能，还适用于基本功能的定义，其常用的结构有：

钢笔——标记　字符

钟表——显示　时间

冰箱——冷藏　食品

轴承——减少　摩擦 / 支撑　重量

电镀——保护　表面 / 增加　美观

2．外观功能的定义

对外观功能和美学功能下定义时，通常是用形容词来描述对象的外观、特性或艺术水平。所以，此时宜用名词及形容词组成的主谓词组来下定义，其常见结构有：

造型——高雅

式样——新颖

色调——和谐

3．基本功能的定义方法

使用功能是产品存在的基础，而基本功能是指为达到使用目的所不可缺少的重要功能，也就是产品和其组件赖以存在的基础。比如，钟表的基本功能是"指示时间"；电线的基本功能是"传导电流"，这都是不可缺少的功能。基本功能是设计的基础，是任何人都不能改动的，而且必须得到充分实现。一般地说，一个产品只有一个基本功能，但有些情况也可能出现两种或两种以上基本功能。如电视机的两种基本功能"显示图像"和"发出声音"缺少一个，就失去了电视机的实质功能。（图 2-7）

图 2-7　电视机设计

4．辅助功能的定义方法

除基本功能以外的用于辅助或支持基本功能实现的功能，都属于辅助功能，也称从属功能。比如，照相机的基本功能是"拍摄图像"，而"自动测光"和"提供闪光"则是为了辅助拍摄出好的图像而附加的从属功能。辅助功能的定义通常用形容词来描述对象具有辅助性功能程度，被描述的主体可用名词或动词表述，即可按对象性质的不同分别采用动宾词组或主谓词组来下定义。动宾词组由动词及形容词组成，其宾语是形容词（而不是名词），如：

操作——简便

维修——容易

运行——平稳

第三节　功能整理

功能整理是功能分析的第二个重要步骤，也是产品创新设计的关键，它用系统的观点将已经定义了的功能加以系统化，找出各局部功能相互之间的逻辑关系，并用功能系统关系图（关联树图）表达，以明确产品的功能系统，把握必要功能，消除不必要功能，并为功能技术矩阵提供功能组成链。

一、功能整理的要求

一个产品或部件，一般是由许多互相关联的零件（或要素）组成的。产品愈复杂，零件（或要素）就愈多，功能之间的关系也愈复杂。这些功能之间，必定有某些内在的联系，决不是各自单独存在的。通过功能整理，就可从大量的功能中区分出它们之间的层次和归属关系，搞清它们是如何组成与产品结构相应的体系来实现产品的总功能的，进而整理出一个与产品结构（或要素）相应的功能系统来，为功能评价和构思方案提供依据。（图 2-8）

1. 明确功能类别

搞清哪些功能是属于基本功能，哪些是辅助功能，哪些是目的功能，哪些是手段功能，它们又是由哪些零部件（或要素）来实现的，从本质上弄清用户对产品功能的要求。

2. 确认必要功能

通过功能系统图的绘制，可以从各零部件（或要素）在功能系统图中的地位看出其相对重要程度和相互之间的关系。从目的手段的逻辑关系上分析，可发现某些没有目的或接不上上下位关系的功能很可能是多余的、不必要的功能。如果目的功能十分肯定而找不到手段功能的话，就要考虑是否应追加或补充其下位功能。要根据用户要求和功能之间的关系，分析功能的必要性，区分必要功能和不必要功能。

图 2-8　产品零部件之间的关联

3. 掌握功能区域

所谓功能区域是指相互关系密切的功能区，它由某个目的功能和实现这一目的功能的手段功能所组成，是一个相对的概念。图 2-9 所示是功能系统图的一般模式，图中的末位功能 F1-1、F1-2、F1-3 等都是子功能 F1 的功能区域，而全部功能都是总功能的区域。因为在研究分析如何提高产品价值时，是把某一功能区域作对象而不是以某个零件为对象的。通过功能整理，划分功能系统的区域，就为改善功能系统，进行功能评价及改进、创新做好了准备。

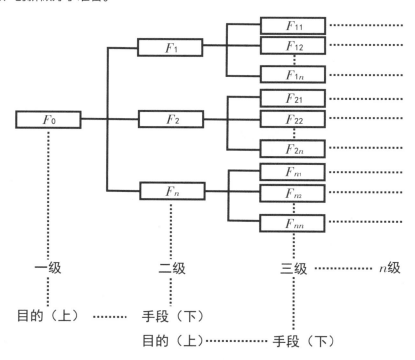

图 2-9　功能系统图的一般模式

4. 完善功能定义

有时在绘制功能系统图时会发现某些功能目的不明确，与上位功能不对应，找不到其上位功能，有可能是功能定义表达不当或其目的功能被遗漏了之故。这就需要重新审核和修改功能定义或追加功能，使之符合功能的逻辑关系。

5. 明确设计构思

从产品的功能系统与结构对应关系图中可以追溯出产品结构的原设计构思。有时设计者出于沿用传统做法或类比等原因而设置某零件（或结构），实际上并不十分清楚其功能要求。通过功能整理，设计者为实现功能而采取的手段和基本构思就一览无遗，设计者就可从中发现问题。凡是在功能系统图上显示功能有需要的就按要求设计，功能上没有要求的就可取消，由多个零件来完成一个功能的就可考虑合并，这样就可构成最优化设计的思想基础，起到引导创新方案的作用。

二、功能整理的方法

功能整理的基本方法是运用 FAST 法（即功能分析系统技术）来绘制功能系统图。功能系统图由明确了相互关系的功能有规律地排列而成，它能清楚地反映出产品的设计构思和功能之间的逻辑关系，是产品的功能图纸。功能系统图是突破现有产品和部件的构成形式的产物。给出功能系统图之后，各功能间的主从地位和相互关系以及功能范围就可一目了然，便于研究如何按功能区域合理地分配成本和创新。功能分析系统技术的运用方法如下：

功能系统分析技术：

（1）编制功能卡片

将对象及其组成要素的所有功能定义——编制成卡片，每张卡片记载一个功能，具体说是记载着功能内容（定义）、相应的产品零部件名称以及有关结构形式、成本等信息内容。

（2）选出基本功能

先挑选出基本的功能，也就是功能系统中最上位的功能，作为排列功能系统的基本起点。

（3）明确各功能之间的关系

随意抽取一张卡片，逐一提问"这个功能的目的是什么？""实现它的手段是什么？"从而找出它的目的功能（即上位功能）和手段功能（即下位功能）。将此张卡片放在它的上、下位关系或并列关系，依次由左向右逐个排列，画成类似树枝状的图形，就形成功能系统图的框架。如果选择中间功能作为起点，就要既向上位寻找它的目的功能，直至总功能，又向下位寻找出它的手段功能，直至末位功能。此外，还要注意寻找它的同位功能，最后画出树状的功能系统图。功能系统图能明确地表达各功能间的逻辑关系和相对位置，所以，又称为逻辑功能图。

作为目的的功能称为上位功能，作为手段的功能称为下位功能。对于某一个功能来说，它既是上位功能的手段，又是下位功能的目的。下位功能相对其上位来说是从属的、次要的。最上位的功能就是产品的总体功能或基本功能。在较复杂的产品系统中，往往要有两个或更多的手段功能共同实现某一目的功能。这时，除了存在目的—手段关系（即上下位关系）之外，还有功能并列的现象，它们各自形成一个独立的子系统，构成单独的功能区域，称之为功能领域或功能区。这些功能区之间的关系是并列关系而非从属关系。

参见图 2-10、图 2-11 所示的洗衣机和保温水瓶的功能系统图。

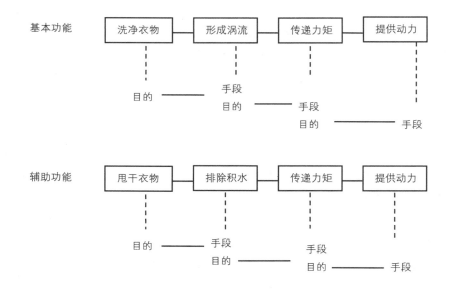

图 2-10　洗衣机的基本功能和辅助功能

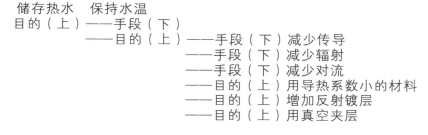

图 2-11　保温水瓶的功能系统图

通常，产品的功能系统图与产品的结构系统图之间具有某些内在联系。当两者一致时，也就是产品的零件可由末位功能来标示，产品的部件或组件可以由子功能及分功能来表达，整个产品由它的总功能来反映，它们之间有一一对应的关系。同理，产品的功能系统图亦可与工序（或作业）相对应。

功能系统图的绘制可粗可细，简单产品可画得细些，直至各零件的功能，复杂产品可由粗到细，先画出产品及部件，再画出各主要零件。当功能数量很多时，可以先编制功能卡片（一个功能一张卡片），以便灵活排列和修改，一般 100 张以内的可画可不画。非常简单的产品，如果可以凭直观评论的功能，就不一定要画出功能系统图。

另外，为了更清楚、方便地观看，可以把功能的重要程度也表示到功能系统图中，称之为顺序式功能系统图。如图 2-12 所示是烤面包机的功能系统图，顾客的需求放在了基本功能的左边，以便参考。其中功能的重要程度是按照越往左上角越重要的原则排列的，即上面的功能比下面的功能重要，左边的功能比右边的功能重要。

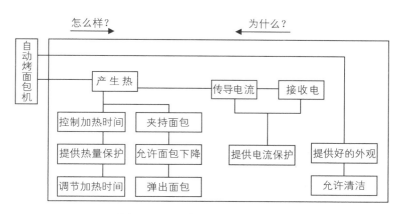

图 2-12　烤面包机功能系统图

第四节　产品功能方案的设计

产品功能目标的具体实现，要靠功能方案的设计，产品功能分析是以抽象的手段进行功能开发，而功能方案的设计则是以具体的形式进行功能载体的设计。在进行产品功能方案设计时面临的是两个方面的问题：一是结构原理设计；二是结构形式设计。

一、结构原理的设计

功能求解的结构原理方案有两种情况：

（1）设计对象的分功能已有通用的或标准化的零部件可以实现，可直接选择组合形成设计方案；

（2）设计对象的分功能需要寻求物理作用原理（效应），将给定的输入量转变为指定的输出量。

实现产品功能的技术物理效应，是指将物理学原理通过一定的结构方式在工程技术上加以利用以实现该功能。一般地，同一技术物理效应可以实现多种功能；同一功能也可以由不同的技术物理效应来实现。

在产品功能方案设计阶段，要对同一分功能提出多种技术物理效应，也可考虑将几个分功能用同一技术物理效应来实现，为产品结构的实现提供多种可能的方案。

常用的实现产品功能的物理效应有：

力学原理（重力、弹性力、惯性力、摩擦力、离心力等）；

流体效应（流体动压、毛细管效应、虹吸效应、负压效应等）；

电力效应（电动力学、静电、电感、电容、压电等）；

光效应（反射、衍射、干涉、偏振、激光等）；

热力学效应（膨胀、传导、贮存等）；

核效应（辐射、同位素等）；

磁效应（电磁效应、磁电效应、磁力效应等）；

光电效应等。

功能与技术途径的组合方案有很多可能，原理方案的组合筛选过程中没有必要对所有的组合进行逐一检验，在选择原理方案时一般应考虑：

（1）各功能的原理方案在物理原理上的相容性，从功能结构中的能量流、物料流、信号流能否不受干扰地连续流过进行判断，从功能原理方案在几何学、运动学上是否有矛盾进行判断。

（2）从技术、经济角度挑选有价值的方案。

二、功能结构的整合

结构是功能原理方案的载体，功能结构载体的构成包括作用面（体）、运动特征、材料等要素，功能的技术物理效应是靠产品结构设计的零部件、机构发挥作用。（图2-13）

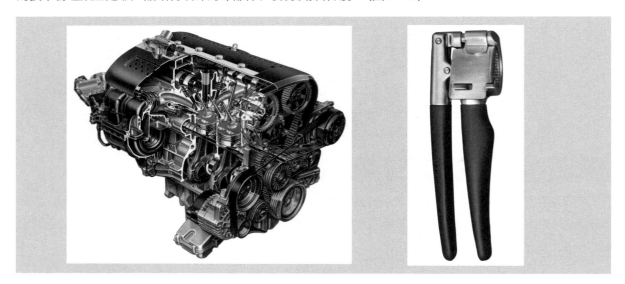

图 2-13a 发动机的功能组合　　　　　　　　　　　　　　　　图 2-13b 功能与造型的结合

1．产品结构的多重含义

（1）外部结构。外部结构不仅仅是指产品的外观造型，同时也包括相关的整体结构。外部结构是通过材料和形式来体现的。一方面是外部形式的承担者，同时也是内在功能的传达者。另一方面，通过整体结构使元器件发挥核心功能，这都是产品设计要解决的问题范围，而驾驭造型的能力，具备材料和工艺知识及经验，是优化结构要素的关键所在。不能把外观结构仅仅理解成表面化形式化的因素。在实际设计中，外观结构一般不承担核心功能（必要功能）

图 2-14 自行车的结构与功能

的结构，即外部结构的变换不直接影响核心功能。如电话机、吸尘器、电冰箱等，不论款式如何变换，其语音传输、真空吸尘及制冷功能都不会改变。但是在另一些情况下，外观结构本身就是核心功能的承担者，其结构形式直接跟产品效用相关。如各种材质的容器、家具等。自行车是一个典型的例子，其结构具有双重意义，既传达形式又承担功能，见图2-14所示。

（2）核心结构。所谓核心结构是指由某项技术原理系统形成的具有核心功能的产品结构。核心结构往往涉及复杂的技术问题，而且分属不同技术领域和系统，在产品中以各种形式产生功效，或者是功能块，或者是元器件。如吸尘器的电机结构及高速风扇产生的真空抽吸原理是作为一个部件独立设计生产的，可以看作是一个模块。通常这种技术性很强的核心功能部件是要进行专业化生产的，生产厂家或部门专门提供各种型号的系列产品部件，产品设计就是将其部件作为核心结构，并依据其所具有的核心功能进行外部结构设计，使产品达到一定性能，形成完整产品。对于产品用户而言，核心结构是不可见的，人们只能见到输入和输出部分。对于设计师而言，核心结构的输入和输出关系必须明确，见图2-15所示。

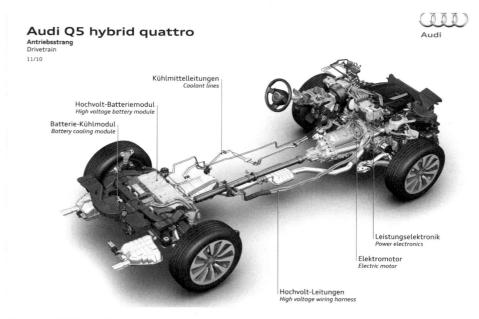

图2-15 汽车的内部结构

（3）系统结构。所谓系统结构是指产品与产品之间的关系结构。前面所说的外部结构和内部结构是指一个产品整体中的两个要素。而系统结构是将若干个产品看做是一个整体，将其中具有独立功能的产品看做是要素。系统结构设计，就是物与物的关系设计。常见的结构关系有：

分体结构——相对于整体结构，即同一目的不同功能的产品关系分离。如常规电脑分别由主机、显示器、键盘、鼠标及外围设备组成完整系统，而笔记本电脑是以上结构关系的重新设计，见图2-16所示。

系列结构——由若干产品构成成套系列、组合系列、家族系列、单元系列等系列化产品。产品与产品之间的关系是相互依存、相互作用的关系，见图2-17、图2-18所示。

图2-16 电脑组合

图 2-17　模块式花瓶

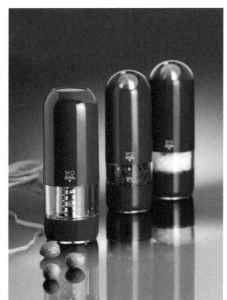

图 2-18　调味瓶设计

网络结构——由若干具有独立功能的产品相互之间进行有形或无形的连接，构成具有复合功能的网络化系统。如电脑与电脑之间的相互联网，电脑服务器与若干终端的连接以及无线传呼系统等。信息高速公路是最为庞大的网络结构。

（4）空间结构。所谓空间结构是指产品在空间上的构成关系，也是产品与周围环境的相互关系。相对于产品实体，空间是"虚无"的存在。产品除了自身的空间构成关系外，还存在以产品为中心的"场"的关系，应该将"场"的空间关系视为产品的一部分。对于产品而言，功能不仅仅在于产品的实体，也在于空间本身，实体结构不过是形成空间结构的手段。空间的结构和实体一样，也是一种结构形式。

2．功能结构的整合

当对产品的功能及其载体（结构形式）进行了分析和确定后，将产品的部件和零件按照需要和有关条件在空间实体上加以划分、聚合和布置，明确各部分之间相对位置和方向变化的限制条件，即为产品功能结构的整合，在产品设计阶段中也称为总体布置设计。功能结构的整合一般按以下两种思路：

（1）按功能联结的需要和节省空间的要求进行整合。如数码相机的设计，将镜头、光学透镜、光电器件及电路板、闪光灯、电池等零部件集中在一个空间中，既满足其功能联结需要，又实现了各零部件的功能，见图 2-19 所示。

图 2-19　数码相机功能结构设计

（2）按控制、操作、维护等使用需要进行整合。
如牙科治疗椅的设计，见图 2-20 所示。

3．造型单元的确定

对产品功能结构的整合部分和联结结构进行包容
性分析，确定造型单元。这是产品功能整合的关键步骤，
是设计确定产品的外部结构与核心结构关系，最终完
成产品功能结构设计的具体操作。

包容，是指功能的某一整合部分或其联结结构成
为更大的整合部分的一个内部元素，或被产品的壳体
或其他的实体结构所包围。

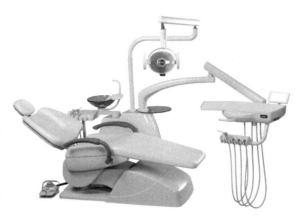

图 2-20　牙科治疗椅功能结构设计

被包容的整合结构，在产品的外观形体上不显示
的结构，称为隐结构。未被包容或包容其他部分的整体，在产品外形上通过空间或体积表现，成为视觉对
象的结构，称为显结构。

显结构的集合构成产品的造型单元，是形态和体积等形式要素尚未完全确定的模糊实体。确定整合结
构及其结构元素的隐藏或显示是产品造型设计构思的主要内容。

通过材料、技术或造型的手段，改变产品造型单元的隐藏或显示的结构视觉特性也是重要的造型设计
思路。

一般的电子、电器产品都会设计一个盒壳式的包容造型单元，将大部分功能结构变成隐结构。如计算机、
数码相机、MP3 播放器、电视机等，见图 2-21 所示。

但 B&O 公司的光碟机却采用了将读碟机电装置的核心技术部件外露的设计，使得该产品在给人欣赏
音乐的同时，也感受到现代科技的精美。（图 2-22）

图 2-21　数码相机

图 2-22　B&O 公司的光碟机

4．造型单元的变化与组合

对造型单元进行配置组合和形体变化，确定造型单元的形态和相互配置关系，形成产品外观造型的设
计方案。

（1）造型单元变化的方式

造型单元数目的变化。

造型单元体量大小的变化。

造型单元表面肌理及装饰、分割的变化。

造型单元方向和位置的变化。

造型单元比例和形态的变化。

造型单元表面曲率的变化。

造型单元形体线型的变化。

造型单元形体分割和添加的变化。

造型单元材质及色彩的变化。

（2）造型单元组合的方式

一维空间的组合变化。如首饰、项链、钥匙串等产品，常常是基于一个线性维度进行功能结构的变化组合。（图 2-23）

二维空间的组合变化。如以线状材料在二维空间构造的功能形态，满足坐椅的功能要求。（图 2-24）

三维空间的组合变化。如野炊烧烤炉的烧烤盘、支架、操作面板和燃料容器等功能结构，通过三维空间合理组合，实现了产品使用状态和携带状态的功能要求。（图 2-25）

四维空间的组合变化（空间＋时间）。如南京欧爱工业设计公司开发设计的分酒器产品，除各功能结构三维组合变化设计之外，将产品使用时分酒操作过程中酒的流动形态巧妙地组合到产品整体功能结构中。（图 2-26）

图 2-24　木条椅

图 2-23　项链

图 2-25 野炊烧烤炉

图 2-26 多维空间组合的分酒器设计

本章作业

1. 分别绘制电风扇、空调器的功能系统图。

2. 选择身边的一件产品，分析其设计意图、主要功能与结构特点。以拍摄照片、绘示意图、文字说明等多种形式，编排一张或多张展示版面（60cm×90cm），展开讨论。

3. 在市场中选择一个品牌产品，以它的发展历史为主线，研究其外形、功能和使用方式的变化，收集丰富的图片和文字资料，编制成PPT报告。

第三章　产品形态设计

学习目标：

形态设计是工业设计师从事产品设计工作的重点内容，工业设计与其他学科的区别就在于承担着技术与人之间的桥梁作用，即应用新的科学研究成果，包括新的功能结构、新的制造工艺，设计出适于人的使用特性的产品形态，以达到技术为人服务的目的。

学习重点：

1.产品形态设计的概念；

2.产品形态设计方法；

3.产品形态审美内容和意义传达。

学习难点：

产品形态设计方法的掌握，产品形态审美内容和意义传达的认识。

在产品的创造过程中，形态的设计与创造总是最直观的一个方面，在形态的设计中应遵循一定的原理与方法。本章将从产品形态设计要素分析开始，总结产品形态设计的方法。（图 3-1）

第一节　产品形态设计要素

广义的形态概念，包括形、色、质、结构四个层面的要素。

图 3-1　椅子造型设计

一、形态

一个工业产品，无论是由单一的零件或部件构成，还是由多个单元零部件组合的形体，总是以外在的一定的机能形态展示于人。外在形态感受注定了产品的风格特点基础。在形态层面，不但要考虑产品形态在比例与尺度上给人心理上的感受和生理上的适应等问题，而且还应当考虑产品形态组织的合理性、宜人性、安全性，以及由此所带来的均衡、稳定、轻巧、秩序、节奏等效果，并注意形态整体上感受的统一、协调性。单元形态本身的尺度大小以及单元之间，单元与总体之间的比例关系也是形态设计应该考虑的主要方面。优良的形态设计都具有良好的尺度比例关系。尺度与比例设计是在保证实现实用功能的前提下，以人的生理及心理需求为出发点，以数理逻辑理论为依据而进行的设计。图 3-1 所示是一种椅子的形态设计，同样是供人休息的道具，但不同形态却诠释了不同的情感。

二、色彩

色彩也是奠定产品整体形态感受与风格特点的一个重要层面。色彩不能单独存在，它要和一定的形态、材质共同表现，在整个形态创造过程中应服从设计的要求。也就是说，作为造型要素的色相、明度和纯度，与形状、方向、面积、肌理等一起配合，组织成全部设计，并服从设计构成的基本原理：重复、交替、渐变、对比、调和、主次、统一、节奏、韵律、平衡、重点等。

在具体运用色彩时，首先要根据产品的性能特点来选择主色调。如餐具的洁净色感，计算器、仪器应给人以冷静、沉稳平和的色彩感受；电风扇宜选用冷色调，而取暖器则选用暖色调。同时，还要考虑到具体使用者的生理与心理感受和使用环境的要求。例如，同样是日用器皿，儿童专用与老年人专用的应在色彩上加以区分；在病房或其他公共场合使用的与在个人家庭使用的在色彩上也要有区分。

在进行色彩造型方案构思时，还要注意国际规定的警戒色和民族地域的用色习惯及企业专用色等问题。例如，约定俗成的是红色表示警戒，绿色表示畅通。看到红色的水车知道那是消防用车，而红色的运输车则不一定是消防车，因为还可能是专用红色的可口可乐公司的运输车。此外，不同的民族和地区对色彩的偏好与联想习惯也是不同的。

三、材质

制作任何产品都需一定的材料。材料是实现产品的基本条件。由于不同的材质其色彩、质地肌理及加工方法、功能结构不同，因此即使是相同形态的产品，给人的心理感受也是不同的。例如，木质的家具使人倍感亲切、自然，不锈钢的材质则会感到有科技感但也易流于冷漠。（图 3-2）

材料是结构的基础。历史上不同材料的运用往往标志着不同的生产力水平和时代特征。材料的选择对于产品的工艺性能、质量特性以及市场效果都具有重大的影响。（图 3-3）

图 3-2　木制材料钟

图 3-3　木制灯具桌椅

产品设计在材料的运用上，一般存在三种不同的趋向。一是返璞归真。这种趋向适应于当代生态观念，运用天然材料并保持其纯朴的宜人性质，如原木家具保持木质的天然质地、纹理和色泽，给人一种温馨、质朴和自然生态特性的感觉。二是逼真自然。这种趋向利用可大量生产的人工合成材料来模拟和仿制天然材料，如用人造革模仿天然皮革，用人造丝模仿真丝制品，以维持人们对传统材料的感觉，争取使新的人造材料获得认同。三是舍弃质感，突出形式。20 世纪 60 年代以来，材料工业迅猛发展，各种新材料和复合材料层出不穷，它们的形态相近而性能各异，透明的不全是玻璃，闪亮的也不一定是金属。

随着现代科学技术的发展，人类不断改良和发明了更多的材料，从而也为产品形态的创造提供了多种解决方案。但选择材料时，应根据不同产品的结构、功能和使用环境及人的心理精神需求，来选择适宜的材料。（图3-4）

图3-4　勺子椅

四、结构

产品中各种材料的相互联结和作用方式称为结构。产品是由材料按一定的结构方式组合起来的，从而发挥出一定的功能效用。金属可加工成日用器皿，也可加工成五金工具。它们的材料虽相同，但因结构方式不同而具有不同的功能。同样，日用器皿可用金属制成，也可用陶瓷、塑料制作。在这里，材料虽然不同，但只要结构相近，便具有类似的功能。

这就是说，一方面产品结构与材料密切相关，任何结构的构筑都要依靠一定的材料，材料是结构的物质承担者；另一方面，产品的功能则是由结构决定的，结构是产品物质功能的载体，是实现产品物质功能的手段集合。

产品结构一般具有层次性、有序性和稳定性的特点。所谓结构的层次性是指根据产品复杂程度的不同，其结构可能包含零件、组件、部件等不同隶属程度的组合关系。例如，汽车可分为车身、底座、发动机、操纵装置等部件，而发动机又可分为汽缸、活塞、曲柄轴等组件，活塞上又有活塞环等零件，由此形成了结构的多层次性。

结构的有序性，是指产品的结构要使各种材料之间建立合理的联系，即按照一定的目的性和规律性组成。产品设计和生产过程就是将产品的各种材料由无序转化为有序的过程。有序性是产品实现其功能的保证。

结构的稳定性，是指产品作为一有序的整体，无论处于静态或动态，其各种材料的相互作用都能保持一种平衡状态。因此，在结构设计中要充分考虑构件受力的变形、受热的膨胀、运动的磨损以及各种外界的干扰所产生的影响。

结构作为功能的载体，是依据产品功能目的来选择和确定的。如洗衣机的功能目的是对衣物洗涤去污，实现这一功能的技术方法是多种多样的，既可利用拨轮的转动产生水的涡流来洗涤，也可利用超声波振动产生水压的变化来洗涤。不同技术方法的实施，都要用相应的结构来保证。也就是说，同一种功能可由不同的结构和技术方法来实现，结构和功能并不是单一对应的关系，而是双向多重对应的关系。由图3-5所示可看出，同一产品的不同结构就产生了截然不同的产品形态。通过产品的结构变化，不仅可从中选择最佳方案，同时也发现，产品的不同形态直接影响到产品的使用功能。由此，人们设计出了可在不同环境、不同条件下具有不同使用功能的各种泡茶器。

应当说，产品的功能决定了产品的结构，而结构又决定了

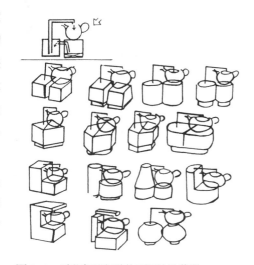

图3-5　功能相近但结构不同的泡茶器

产品需要选用不同的形态来加以实现。由于现代设计、加工技术水平的不断提高，产品结构所带来的束缚也在不断地被人们运用新技术、新工艺、新材料所解决，从而为人们开展自由的设计提供了更加广阔的空间。

　　一件工业制品的内在结构决定了此产品的风格与特点。在设计构思时，不但要考虑产品在物理结构上的合理性和可行性，还要考虑视觉上以及生理上的均衡、稳定、秩序、轻巧以及舒适宜人等问题。

　　在工业产品产生的整个过程中，直接参与产品形态设计的主要因素就是以上四个。这四个方面是产品设计时可处理的可变因素。对这些因素综合优化处理，才能使产品的形态达到设计的预想目的。

第二节　产品形态设计原理

　　产品形态设计须满足一定的条件，才能创造出符合综合评价体系的产品。当然，这些原理条件之间不是一种孤立或对立的关系，不应片面地考虑某一个条件，只有综合全面地满足这些原理，形态设计才是有价值的。

　　产品形态设计的本质在于提高物质的使用价值和精神舒适这两个方面。前者偏重于生理的满足，后者着重于心理的追求。此外，为了提高产品的生产效益，通过改进制造方法来达到大量生产和普遍使用的目的，在设计制造时除应考虑计算成本、利润及产量等经济性外，还应有设计的独创性。

　　产品形态设计的原理是多方面的，有的重视实用价值，有的重视美观效果，有的以经济性为主要目的，有的则以独创性为最主要的原则，其选择的角度与标准要看产品的性质与使用者之间的关系。如一件代表企业地位与身份的馈赠品就可不必过分考虑经济性原则，一件首饰也可不考虑实用性而以美观为主，而一套普通使用的餐具就应以实用性、经济性为优先考虑的目标。

一、实用机能

　　机能特指一件产品为达到某种目的所应具备的条件（如所需的形态和结构等）。运用机能和功能的观念，可使一切物品对人类的意义更加明确，进而达到物尽其用的最高目标。

　　每一件产品都有其不同的价值和性质，也就有其不同的机能。造物是为了满足需求，需求又包含生理、心理、物理三个层面，这就是一件产品所应具备的基本功能——实用机能。

　　简而言之，实用机能就是一件产品的功能为了达到某种用途、目的所应具备的基本条件。它介于产品与使用者之间，是人类创物制器的原动力，与生活的关系最直接也最密切。

　　例如，一把椅子的形态设计，椅面采用什么样的造型才可实现避免臀部受压而促进血液循环的功能；椅背应以何种形态才可支持人体脊柱，并放松脊柱部分肌肉的功能。再则，椅宽、扶手等都须考虑到人机工程学的问题。另外，中西方人种体格上的差异，坐椅性质和用途的不同，也需考虑高度、深度、宽度、材质以及使用寿命，这就是实现实用机能所应具备的条件功能。

　　如图 3-6 所示的百变家具，是由立陶宛家具设计师 Mindaugas

图 3-6　百变家具

图 3-7　"鸡"茶壶

Zilionis 花费 9 年的时间，创作的 "spyndi" 手工座椅。其包含 60 个活块部分，可以进行无数种变化组合。以人类脊柱为设计基础，几乎可以做出任何形态的变化。仅需要基本的元件和一点点的想象力，就可以达成扶手椅、躺椅、摇椅、屏风、凳子、边几、运动器械等无数种可能性。

再如，一把茶壶，其把手上力的作用，加水、倒水的机能，甚至茶叶的放入、茶渣的清除等，都涉及物品的实用功能。（图 3-7）

二、生产性和经济性

产品的创造作为一种造物活动，必然要通过工艺材料、运用工艺技巧，制成具有功能目的的各种实物。没有生产性，设计就不能具体化，也不能完成最终的物化和量化过程。产品造型的生产性须具备材料、技术两个基本条件。材料是条件，技术是手段；材料规范技术、技术改造材料。二者密切联系、相辅相成，生产性始终处在发展变化之中。如从手工操作到机器加工再到计算机辅助设计与快速成型，无论是设计还是制作都产生了很大变化。产品形态的生产性是制约产品创造的因素之一，产品设计应巧妙运用生产性的条件，发挥生产条件的特性，以取得最佳效果。

经济价值是产品在运用材料和加工技术中所体现的价值。这是物本体的价值，一般是具体、固定的和可计算的。

产品形态设计的经济性，直接由生产性所决定，间接受功能、审美性制约。产品的经济性可从生产、销售、消费、信息反馈以及社会效益多方面去理解。在生产方面，包括制作的成本，要尽量采用尽可能少的消耗来获得最大的经济与社会效益。如材料的合理使用、技巧的充分发挥、能源的尽量节约等。在销售方面，要重视生产和消费的关系，考虑最佳的"物流效果"，包括包装的合理组装、运输的安全，以降低破损率。在消费方面，产品在生产中要做到牢固、耐用、方便、实惠、节省动力、提高功效。

三、美感机能

人类生活在一个理性的、合乎逻辑的世界中，同时也生活在感性中。对于一个物品的设计与使用，既要考虑其实用性，也应考虑物品带给人们的感受。从广义上讲，美感应是机能的一个部分，它是指介于使用者和产品之间，经观察而得到的感受，在合乎视觉、触觉条理的状态下，达到心理上舒适而愉悦的感觉。如图 3-8 所示的吸尘器，在技术上并没有革新之处，但其采用的极富现代感的形式，却给人以新奇的美感。

图 3-8　吸尘器

美感机能又包括如下三个层面：

1．材质

产品造型与材质的选择密不可分。对于产品的形态来讲，运用何种材料来制造并不重要，关键是要掌握材料的特性，发挥材料的效果，以更好地通过材质来表现产品的形态之美。但应当注意，要选择适当的材料，配合产品的性质与造型；了解材质的特性，包括物理、化学、力学等方面，保持材质本身优美的特性，不用多余的装饰、色彩破坏其本质。（图3-9）

2．装饰与色彩

现代的流行趋势是造型力求简洁，避免烦琐装饰。此外，人们生活在现代工业文明之中，愈来愈缺乏与大自然接触所产生的心理满足，即与大自然的亲近感。因此，运用自然材质做设计应尽量保留材质肌理优美的特性。

对于色彩运用，应考虑使用对象、使用场合而做合理的设计。（图3-10）

图3-9　音箱的材质表现　　　　　图3-10　编织椅色彩设计

在进行产品形态设计中的装饰与色彩规划时应注意：装饰美要把握重点、简洁有力；不要破坏材质美；应当考虑民族、时代性与地方色彩；应当考虑到产品的性质、用途与使用对象。

3．制造技术

优良的材质、完美的造型设计，都须通过精良的制造技术来体现出其美的价值。也许一块极为平常的材料，若采用高超的制造技术，就能表现出不平凡的效果。现代的制造技术，要求完整的造型设计与生产计划，并结合科技与艺术、机械与手工，甚至采用电脑设计制作，使其本身更加精确完善，从而提高了产品的品质。

四、独创性

谈到设计上的"独创""创新"，很容易让人理解成全新的造型、全新的装饰，但这并非"独创"的全部含义，它还包括创新的材料应用方式、创新的手法、创新的观念等，而独创设计的核心就是创造新的生活方式。

文化即是人类社会不断创造的物质、技术、风格、信仰、习俗的总和。人类创造了文化，又常常会被自己创造的文化所困惑、所禁锢。随着社会的发展，新观念必将代替旧观念，旧事物也必将被新事物所代替，人们必须随时进行自我调节，不断打破逐渐固化下来的文化模式，突破传统束缚。在新的观念、新的生活方式、新的审美意识萌动时期，往往大多数人还沉浸在传统的观念之中。作为工业设计师，应大胆地打破前人的框框，以独创的概念从整体出发，多方位、多元化、纵横交叉地去思考、去创造，将旧的模式打散分解，深入研究，探讨它们的结构，找出联系这些结构的纽带，发现它们的优点与不足，然后再综合处理和整合，造就新观念下的新造型，这就是创新。

如常规的手表是圆形或椭圆形，但中国香港钟表设计竞赛作品中出现了许多方形、三角形和其他形状的设计。设计师通过对人们使用方式的深刻理解，以简洁的形态，精致的工艺更使产品呈现独特新颖的魅力。在日益追求商品个性化的今天，更多的创新造型设计受到消费者的好评。

"工业设计是满足人类物质需求和心理欲望的富于想象力的开发活动"。的确，没有独创的想象力，没有强烈的创造欲望和开拓解决具体问题的创造性思维，就没有超越常规的设计能力。

第三节　产品形态设计方法

一、推向极限

任何一件产品在实现主要功能的前提下，无论是其使用特性，还是形态结构都存在设计构思中所允许达到的极限状态。因此，将产品设计推向极限的思考方法就称为产品设计的极限原理。

通过产品内部结构的变化来改变产品的形态。如电视机，通过增加显像管的扫描角度来缩短它的长度，当技术条件允许的情况下，电视机的厚度极限就可向薄型方向发展，继而产生了悬挂式薄板型电视机。再如，为减轻自行车的重量和缩小其体积而开发的钛金属材料的自行车只有 6kg 重，小型折叠车的体积只有 56cmX20cmX20cm。如图 3-11 所示的是小型数码相机。

图 3-11　小型数码相机设计

通过增加或减少产品组件到一定极限来改变产品的使用特性和形态结构，更重要的是减少组件数量这种极限状态。对产品形态设计的各个方案，都必须仔细分析组成产品的各个单元，确定实现主要功能的必不可少的组件，这样就产生了实现产品功能所允许的极限。例如，去掉刻度以至表盘的手表，人们照样可以观看时间，而且其形态更简洁、新颖。此外，减少产品组件也可增加产品形态变化。例如，汽车去掉操纵手柄而变成自动驾驶的汽车，去掉车轮而成为气垫车等。

产品的极限状态包括形态方面的曲直、厚薄、粗细、长短、高低，体量方面的轻重、大小，功能方面的多少、运动距离、速度快慢、自动化程度的高低等。

这里值得提出的是：其一，产品的极限是随着现代科学技术的发展而不断改变，因此，要正确判断产品的极限状态；其二，设计构思不能超越产品极限，否则，也就改变了问题的性质。例如洗衣机，无论如何变化，其设计都属机电范畴，如果采用化学药物来改变洗衣机的洗涤效果，那就超出产品形态设计的范围了。

二、反向思考

在产品设计中将思路反转过来，以背逆常规的途径进行反向寻求解决问题的方法。任何事物都有正反两方面。通过反向思维，在因果、功能、结构、形态等方面把设计从固定不变的传统观念中解脱出来从而产生出全新的构思。如电风扇的设计，通常是外罩不动，借助风扇摆动来实现多方位送风，但是送风角度直接，风力生硬。通过反向思维，对产品结构重新设计，使风扇不动，而外罩上的风栅转动，使风受到干扰后排出，这样送风角度大，风量柔和，同时也简化了结构。

三、转换原理

不同产品或事物之间的功能、形态、结构材料等方面互相转换而启发出新的构思和创造性方案。这种转换通常通过联想、借鉴、类比、模拟等手段进行。瑞士科学家阿·皮卡尔通过平流层气球的原理转换设计出深潜器。平流层气球利用氢气球的浮力使载人舱升上高空。皮卡尔用钢制潜水球和灌满汽油的浮筒组成深潜器，当潜水球沉入海底后，只要将压舱的铁砂抛入海中，即可借助浮筒的浮力上升，控制铁砂量并配上动力，深潜器就可在任何深度的海水中自由行动。利用这种深潜器，人类第一次下潜到10916.8m深的海底。（图3-12）

图3-12　深潜器

四、要素综合

将现有技术和产品有机综合而形成新的设计和产品，综合的形式有以下几种：

1．主体附加

在原有设计中补充新内容，在原有产品上增加新部件，创造产品的新功能。如自行车附加电动机而产生电动自行车，摩托车变换踏板成为轻便助动车，不仅上下车方便，且能节省燃料。

2．异类综合

两种以上不同功能的产品互相渗透并进行结构改进，能产生新的使用价值，并使成本降低。如可视电话、带电子钟的计算器、兼有数字相机功能的MP3音乐播放器等等。

3．同类综合

这是相同或近似功能产品之间数量与形式的综合。如组合式多功能冰鞋可任意组装成双排轮或单排轮旱冰鞋以及冰刀式冰鞋，鞋身可从大到小伸缩变化以适应不同人穿用，并且可以由简到难地进行系列化训练。

4．重新综合

分解产品原来的组成，用新的意图通过重新综合以增加产品功能或提高其使用性能，改善造型形态。如，螺旋桨式飞机的一般结构是机首装螺旋桨、机尾有稳定翼，美国的卡里格卡图按照空气浮力和气推动原理进行重新综合，他设计的飞机螺旋桨放于机尾，而稳定翼放于机首，这样使得整架飞机具有尖端的悬浮系统和更合理的流线型机体，提高了飞行速度，排除了失速和旋冲的可能，增加了安全性。

五、简洁化

简洁化的形态是：构成要素少、结构简单、形象明确肯定。在人类的生活、学习与工作中，人们渴望能将其环境与空间得到充分利用。当进行产品设计时，在满足机能的要求下，简洁、紧凑的形态设计能使产品达到小型化。如图 3-13 所示，简洁的设计来自于对材料、技术的正确把握，来自于对功能、结构的精练、推敲，提供了解决问题的最佳途径。

简洁化是省略掉次要部分，夸大主题部分，使主体的意义更加明确。因此，简洁的形最醒目，最便于制作，也最经济。

简洁化不是越简越好，简是相对于表达意义丰富程度的简，没有明确意义的形，无论多简单也不能算作是简洁形。

简洁化的创造方法有三条思路可循：一是从美的侧面去把握形态的特性；二是捕捉其造型的规律性；三是将次要的功能省略、重组。

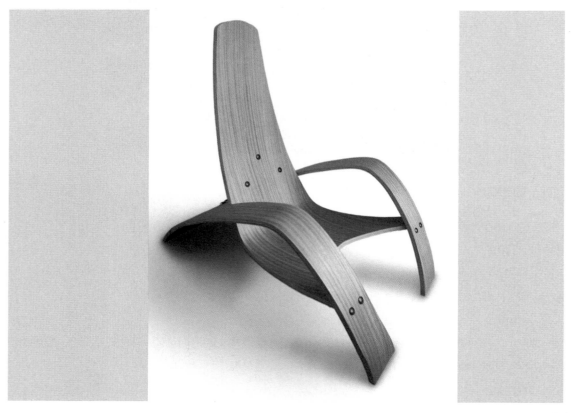

图 3-13　简洁的座椅设计

六、模块化设计

模块化设计就是将产品的某些要素组合在一起，构成一具有特定功能的子系统，并将子系统作为通用性的模块与其他产品要素进行多种组合，产生新的具有不同功能或相同功能不同性能的产品。

由模块化设计出的产品具有如下优点：

（1）有利于通过模块的更新而使产品快速更新换代。

（2）采用模块化设计，利于产品设计的快速、高效及小批量、多品种的生产方式，有效地缩短生产周期。

（3）采用模块化设计，可实现降低生产成本、提高产品质量的经营目的。

模块化产品设计的目的是以少变应多变，以尽可能少地投入生产尽可能多的产品，以最为经济的方法满足各种要求。

在进行模块化的设计过程中应遵循以下要点：

（1）结合面在组合当中的可靠性、精确性和良好的置换性。

（2）模块结构与外形的适应性。

（3）产品在市场、技术、经济等方面的可行性。

模块化产品通常有两种情况：一种是标准模块产品，也就是以广泛应用的标准件为基本模块，或是以他人或自己开发的现有产品的可通用部分为基本模块发展的产品系统；另一种是根据产品系统的发展目标而进行统筹规划、自行考虑模块划分的自定义模块。

模块的规划是设计中的关键问题。在具体设计过程中，要将哪些功能和部分，以怎样的组合方式，多少数量以及构成模块的一系列相关要素等进行综合评估，从而制定出解决问题的方案。

第四节 产品形态设计的美学法则

工业产品的形式美法则，主要是研究产品形式美感与人的审美之间的关系，以美学的基本法则为内容来揭示产品造型形式美的发展规律，满足人们对产品审美的需求。

事物的美往往也反映着事物的发展规律，人类在长期的社会实践中对事物复杂的形态进行分析研究，总结出形式美的基本法则，诸如对立与统一、比例与尺寸、对比与调和、对称与均衡、稳定与轻巧、过渡与呼应、节奏与韵律等等。对形式美的研究，有利于人们认识美、欣赏美和创造美。

一、统一与变化

统一与变化是造型艺术形式美的基本法则，是诸多形式美的集中与概括，反映了事物发展的普遍规律。（图 3-14）

统一是指组成事物整体的各个部分之间，具有呼应、关联、秩序和规律性，形成一种一致的或具有一致趋势的规律。在造型艺术中，统一起到治乱、治杂的作用。增加艺术的条理性，体现出秩序、和谐、整体的美感。但是，过分的统一又会使造型显得刻板单调，缺乏艺术的视觉张力。因为人的精神和心理如果缺乏刺激则会产生呆滞，先前产生的美感也会逐渐消逝，视觉张力减弱，因此统一中又需要有变化。

图 3-14 统一与变化

变化即事物各部分之间的相互矛盾、相互对立的关系，使事物内部产生一定的差异性，产生活跃、运动、新异的感觉。变化是视觉张力的源泉，有唤起趣味的作用，能在单纯呆滞的状态中重新唤起新鲜活泼的韵味。但是，变化又受一定规则的制约，过度的变化会导致造型零乱琐碎，引起精神上的动荡，给视觉造成不稳定和不统一感，因此变化须服从统一。

在产品设计中，统一与变化可通过造型的各要素，如造型中线条的粗细、长短、曲直、疏密，形的大小、方圆、规则与不规则，色彩的明暗、鲜灰、冷暖、轻重、进退等的处理，来达到形式美的和谐统一。

统一与变化是一对相对的概念，存在于同一事物中。但统一与变化在造型艺术中又不能平均对待，要注意各方面"度"的关系。过分的统一与不足的变化都会削弱造型的形式美感。在产品设计中既要求统一中有变化，又要变化中有统一。统一中求变化，产品显得统一而丰富；变化中求统一，产品显得丰富而不紊乱。

在美学原理的诸多法则中，统一与变化是总的形式规律，具体的形式美感都从不同角度反映着统一与变化这一规律。在产品造型设计中，结构的样式、外观的造型、色彩的搭配都离不开统一与变化，在统一中求变化、在变化中求统一是设计的准绳。总揽全局，并以此形成和谐之美、秩序之美、变化之美等具体的形式美感。

统一与变化在不同产品中所占比例是不同的。有些产品是在统一的前提下求变化，以改变产品造型的平淡；有些产品则是在变化的前提下求统一，复杂中求和谐。统一与变化的规律在实际运用中主要根据不同类别、不同功用的产品的具体情况而定。

图 3-15 比例与尺度

二、比例与尺度

在产品形态设计中，任何一件功能与形式完美的产品都有适当的比例与尺度关系，比例与尺度既反映结构功能又符合人的视觉习惯。人们在社会实践中对事物进行研究与总结，形成了一些固定的符合视觉感受习惯的比例与尺度关系，这些固定的比例与尺度关系在一定程度上体现出均衡、稳定、和谐的美学关系。因此，了解比例与尺度对产品造型设计有重要的作用。（图 3-15）

比例是指事物中整体与局部或局部与局部之间的大、小、长、短的关系。在产品形态设计中，比例主要表现为造型的长、宽、高之间的和谐关系。比例是产品造型设计协调尺度的基本手段，合理的比例可实现优化产品的功能，且具有和谐的视觉感受。

比例美的几何法则：美的形态是人们对繁杂无序的事物进行归纳总结出来的。找出具有明确外形的事物，这些事物的边线、体积、周长都受到一定数值的制约，而这种制约越严格则形体越肯定，其视觉记忆力也越强。比例关系可运用几何学的规律来表现，如正方形、三角形、圆形、黄金分割比等均有严格的比例关系。

比例美的数学法则：复杂的几何现象可归纳为简单的有理数和无理数的比率。在工业产品形态设计中，比例的数值关系须严谨、简单，相互间要成倍数或分数的分割，才能创造出良好的比例形式。

尺度是产品的整体、局部的构件与人或人的见习标准、人的使用生理相适应的大小关系，即产品与人的关系。

尺度与产品的功能是分不开的。为使产品很好地为人服务，必须有一个统一的尺度，这不仅是创造和谐统一的形式美的重要手段，也是产品宜人的重要方面。

三、对比与调和

对比：对比即事物内部各要素之间相互对立、对抗的一种关系，对比可产生丰富的变化，使事物的个性更加鲜明。

调和：调和是指将事物内部具有差异性的形态进行调整，使之成为和谐的整体，形成具有同一因素的关系。调和是统一之源。

对比与调和的关系：对比与调和反映事物内部发展的两种状态，有对比才有事物的个别形象，有调和才有某种相同特征的类别。

在造型艺术中，对比可使形体活泼、生动、个性鲜明，是获得形式丰富的一种重要手段。对比的强弱与调和相对，对比强则调和弱，调和强则对比弱。产品造型设计中把握其"度"很重要，过强的对比会使造型显得杂乱、动荡不安，而对比不足则调和又显得呆板、平淡。对比与调和是矛盾的双方，相互制约，相互作用，存在于事物的同一性质中，如形体与形体的对比与调和，色彩与色彩的对比与调和等等。

对比与调和在实际设计中要根据不同产品的类别、不同的功能乃至不同的消费群体来协调把握。总之，既要使产品生动、丰富，又要合理美观而实用。

四、对称与均衡

事物的造型一般表现为相对稳定的一种形态，而在各种复杂的形态中又体现出一定的形式美感，并在一定程度上蕴涵着对称与均衡的关系。对称与均衡反映事物的两种状态即静止与运动。事物是运动发展的，但受重力的作用又表现为相对的静止。对称具有相应的稳定感，均衡则具有相应的运动感。

对称：生物体自身结构的一种合乎规律的存在方式。人与动物的正面造型、植物的叶脉、鸟类昆虫的羽翼、树木与水里的倒影等等，都表现为对称或近似对称的形式。我国古代的很多建筑如北京的故宫、皖南的民居、杭州的六和塔、传统的家具与室内的陈设、劳动工具以及生活中的器具都表现出明显的对称关系。对称具有稳定的形式美感，同时也体现着功能的美感。

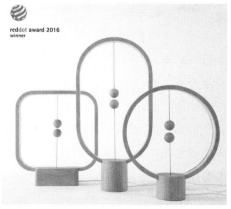

均衡：如果说对称是造型各方同形同质的体现，那么均衡就是异形同质的体现。均衡所表现出的形式美要比对称更丰富。（图3-16）

均衡是指造型在上下、左右、前后双方在布局上出现等量不等形的状态，即事物双方虽外形的大小不同，但在分量上、

图3-16　对称与均衡

运动的力上却是对应的一种关系。例如，静止的人表现为一种对称，运动的人则表现为一种均衡。对称与均衡是事物的两种状态，对称是比较规则的形式，可视为均衡的完美形式。一般，形体规则的造型比形体复杂的造型更具均衡感，色彩关系明确的要比关系混乱的更具有均衡感，装饰图案简洁的要比其复杂的更具有均衡感。

五、稳定与轻巧

稳定与轻巧是在研究物体重力的基础上发展而来的形式美学形式。稳定很大程度上体现出静止、平稳。如建筑、雕塑一般给人以稳定和平静感。轻巧一般则显示出运动和轻盈感。例如，汽车、飞机的设计要讲究轻巧感，以体现运动与速度感。稳定与轻巧虽反映物理学的性质，但同时也体现出形式美学的关系。（图3-17）

图 3-17　稳定与轻巧

稳定：稳定包含两个方面因素。一是物理上的稳定，是指实际物体的重心符合稳定条件所达到的安定，是任何一件工业产品必须具备的基本条件。物理上的稳定是使产品具有安全可靠感。物理稳定是视觉稳定的前提，属于工程研究的范畴。二是视觉上的稳定，即视觉感受产生的效应，主要通过形式语言来体现，如点、线、面的组织，色彩、图案的搭配关系，不同材料的运用等等，以求视觉上的稳定，属于美学范畴。

轻巧：轻巧是指在稳定基础上赋予形式活泼运动的形式感，与稳定形成对比。轻巧使造型生动、轻盈、活泼。如果说稳定具有庄严、稳重、豪壮的美感，那么轻巧具有灵活、运动、开放的美感。

稳定与轻巧是一对相对的形式法则，互为补充，仅有稳定没有轻巧的造型过于平稳冷静，而仅有轻巧没有稳定的造型则略显轻浮，无分量感与安全感。在产品设计中稳定与轻巧要灵活运用，不同类型的产品，其侧重有所不同。有些产品既要有物理上的稳定又要有视觉上的稳定。例如，大型机床产品既考虑实际的安全、稳定，又要符合视觉的稳定，以便人们更好工作。有些产品物理上要求稳定而视觉上要求轻巧，如家用电器和一些经常移动的产品。在产品设计中追求稳定与轻巧的美感与很多因素有关，如物体的重心、底面接触面积、体量关系、结构形式、色彩分布、材料质地等，但形式要追随功能，稳定是前提，要将实用理念与外在的形式结合起来，使造型达到和谐而统一。

六、节奏与韵律

节奏：节奏即事物内部各要素有规律、有秩序地重复排列，形成整齐一律的美感形式，节奏体现事物普遍的发展状态。事物的发展虽是错综复杂的，但在一定的单位中还是能找到一定的规律，在错综复杂中有反复即形成节奏感。自然界、人类社会到处都体现出节奏的形式，昼夜交替、四季轮回、人类起居、呼吸、新陈代谢、脉搏跳动均表现出节奏的关系。

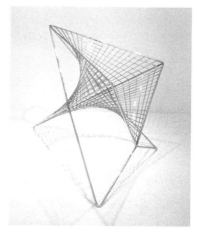

图 3-18　节奏与韵律

生活中充满着节奏，在艺术领域里同样大量存在着节奏的关系。音乐里节拍的强弱，音量的轻重缓和，舞蹈里动作的重复变化，绘画中点、线、面的重复运用，诗歌韵律的反复出现，电影情节的起伏变化等等，都体现着节奏的关系。特别是在装饰绘画语言里的二方连续的样式是节奏感最突出的形式。节奏可使艺术作品更具条理性、一致性，加强艺术的统一、秩序、重复的美感。（图 3-18）

韵律：节奏有强弱起伏、悠扬缓急的变化，表现出更加活跃和丰富的形式感，这就形成了韵律。韵律是节奏的更高形式。节奏表现为工整、宁静之美，而韵律则表现为变化、轻巧之美；节奏是韵律的前奏，韵律是节奏的升华。

韵律的基本形式包括连续韵律、渐变韵律、起伏韵律和交错韵律。

七、过渡与呼应

在产品设计里往往会出现因结构功能的关系，使产品造型要素之间的差异过大，出现对比强烈、杂乱无章的外形；不同结构的形体反差较大，使造型缺乏统一的形式美感；点、线、面的关系混乱，色彩的基调不明确，这些因素在一定程度上也影响到产品的功能效应。为了解决这些问题，就需要采用过渡与呼应的手法来进行处理，以获得统一的形象。（图 3-19）

过渡：过渡是指造型中两个不同形状、不同色彩的组合之间采用另一种形体或色彩，使其关系趋之和谐，以此削弱过分的对比。过渡可理解为由此及彼的中间过程，属于不确定的阶段，也正是这种不确定的阶段，恰恰显出了两种形态的关联性，既反映此状态又反映彼状态。自然界中冰雪融化为水的过程，即为一种自然现象的过渡。在艺术领域中过渡的形式很多，如方形逐渐变为圆形，其中间的阶段亦为一种过渡现象。就产品造型来说，过渡主要是通过形式语言的变化来获得的，如点、线、面、体的过渡承接，形成一定的变化节奏。但过渡的程度不同会产生不同的效果，如果形体与形体的过渡幅度过大，则形体会产生模糊、柔和、不确定的特征；如果过渡的幅度不足则会出现生硬、肯定、清晰的特征。过渡有几种类型，形体与形体之间若无中间阶段的过渡，称之为直接过渡，即一种物形直接过渡到另一种物形。直接过渡一般会造成形体的强烈对比，在设计一些需柔和效果的产品时要尽量加以避免；另一种为间接过渡，能使形体产生协调的效果。（图 3-20）

图 3-19　造型的过渡

图 3-20　造型的渐变过渡

过渡的形式包括渐变过渡、延异过渡、起伏过渡等。

呼应：在造型艺术的形式美中，过渡表现为一种运动的过程，而呼应则表现为运动的结果。呼应即通过造型形式要素的形、色、质的过渡而取得首尾呼应的一种关系。过渡是呼应的前提，呼应是过渡的结果。它们相互影响、互为关系。仅有过渡没有呼应则形体不完整，没有过渡则呼应缺乏根据，过渡与呼应即为统一与变化的关系。

第五节　产品形态审美内容和意义传达

产品形态审美内容大致有两种：第一种是由多样统一、比例匀称等构成的形式美。这种美，形式与内容有一定的分离，具有天然性的趣味。另一种是由符号产生象征关系的习俗美。这是由社会文化环境影响形成的，通过隐喻、借用、夸张、替换等手法，触发人们的联想、想象，产生或是熟悉、亲切，或是梦幻、奇异的感受。这两种审美内容是彼此融合有机联系的，并非泾渭分明。没有恰当的形式美，就无法吸引人们注意。而只有形式的变化，虽然可以让人眼花缭乱，但喧嚣之后往往索然无味。审美对人来说是一种精神的享受和愉悦，应该是形式同内容的完美结合。对哪一方面的偏废，都无法触及审美的神经。

产品形态符号意义的传达，可以分为两个层次：第一层是明示层次，是消极的运用符号，其最高目标就是传递实用功能信息。例如：

（1）一些按钮表面做成凹形或是凸形，暗示手指按压；

（2）采用不同材质，并呈现手的负形，暗示手把握的动作；

（3）通过旋钮形式和侧面花纹粗细，来说明转动量大小和用力大小；

（4）按键同屏幕配合，合作指示如何使用。

第二层是内涵层次，积极地使用符号，达到审美的体验。其方式很多，例如：

（1）整个产品造型曲面起伏，表现一种张力，给人充满生命力、活力的象征；

（2）音响使用黑色暗示神秘性，照相器材黑色暗示专业性器材；

（3）借用其他符号，营造愉快的氛围。

两个层次可以共存于同一个产品中。由于功能内容可以逐步向形式转化，同样可以产生审美趣味，因此两个层次的区分实质上并不明显。

一、产品形态设计的功能表现

产品与人之间的功利关系集中在功能。功能发挥的大小、好坏直接关系到人生活甚至生存的质量。功能至关重要，是产品的核心环节，包括形态在内的其他要素都要都受到它的牵制。（图3-21）

体现产品的功能本质的技术美是一种区别于艺术美的审美态度。技术美在于其合目的性，产品美来自功能便利和效用的观念。马克思主义把社会实践的观点引入美学，从而在根本上说明了合目的性与美的关系。马克思认为，人的社会实践是有意义、有目的的创造性活动。人"通过他所作出的改变来使自

图3-21　手持工具的功能表现

然界为自己的目的服务，来支配自然界"。人的有目的性实践活动又是以客观规律为前提的，他的活动是在"合目的性与合规律性的统一"中进行的。人在合规律性的劳动实践过程中，实现了自己的目的和愿望，这样人们不仅创造出了有实用价值的物品，而且又在创造过程和物品上直观体会到自己的本质力量，获得了精神上的喜悦和安慰，这个物品和过程也就成为审美的对象。由此，按照马克思主义的理解，劳动美、技术美正是实用与精神功能的统一。人的"合目的性"通过劳动和实践得以实现，在此基础上按照自然规律使人的产品具有相应的形式，这也就是技术美的发生过程。

产品中合目的性美本质并不等同于现代主义高举的功能主义。产品形态符号的功能性表现在于合目的的功能的表现，即功能与形态的统一。形态符号的表现在遵循产品功能逻辑结构的基础上，在抽象形态中寻找意义的变化，积极表现"功效""效率"等抽象含义，使产品形态不仅在物质层面，而且在精神层面更加有机。

1．产品功能结构直接构成形态

功效的好坏对于用户来说是看不见、摸不着的。产品形态可以赋予用户直接形。通过外在形象所暗示的功能信息，用户就可以由表及里逐步对产品性能加深认识，了解如何使用产品。由此，产品的功能逻辑结构可以直接形成形态。功能结构的变化构成了整个设计统一的秩序感、逻辑感。没有多余的装饰，同样给人一种美感。

有些产品设计上特别突出结构，使它充分显示在外部。结构有时并不是必要的，只是造型的一种手段。

2．功能向形式的积淀转化，构成产品形态。

功能和形式之间存在着一定的转化。受到人们实践活动的影响，经验总会左右人的审美判断。具有较长发展历史的产品如果具有良好的功能，它们的某些特性造型就会逐步演化成一种美的形式。如图 3-22 所示。

图 3-22　极简手表设计

同样以某项技术所标志的功能，也会被人们认可，进而变成一种美的形式。在后现代主义运动的门类中，"高科技"风格是突出高科技特色的一种流派。它以科学技术为象征内容，以夸张的形式达到表现高科技是社会发展动力的目的。这个风格在建筑和产品设计中都有体现。高科技风格在产品设计中首先出现，钢管制造出的家具改变了以往家具的形象，它强调工业化特色，突出技术细节。在建筑方面，最为人熟知的就是巴黎的"蓬皮杜文化中心"。整个建筑基本是金属构架，而且所有的管道都涂上鲜艳的颜色，暴露在建筑外部。高科技派设计师在处理功能、结构和形式三个要素时，将技术结构同形式联结起来，认为工业化的结构就是工业时代的形式，而高科技的结构就是高科技时代的形式。

3．产品功效的表现内容

（1）大小、比例

图 3-23：手机设计，不仅在体量上，而且在长宽的比例上都在追求小巧。

图 3-24：汽车表面为了表现强壮的粗线条和手机表面为了表现精密的细线条。

图 3-25：大小比例不同的相机造型，给人的视觉感受不同。

图 3-23　大小的形态表现

图 3-24　粗细线条的表现

图 3-25　大小比例不同的相机造型

（2）力量、力度

形式因素自身带有性格特征和情感意蕴。按照格式塔心理学的观点，这种形式感是直接融合在形式中的，它在观看者的身上唤起一种力，人们正是通过这种张力或运动的感受而知觉到它们的表现力。这种审美态度不同于符号引起的经验审美。

图 3-26：肯定的直线同样给人力量感，汽车曲线与直线相结合，制造出刚柔相济的动感。

图 3-27：宽大的边缘，清晰明确，给人响亮、明确的感受。办公用坐椅刚直具有节奏的折线，给人高效感。支撑的桌子腿，给人承重、向上感、科技感。

图 3-26 汽车刚柔相济的造型设计

图 3-27 办公室家具

（3）速度

速度让人联想到气流、超越、冲破。造型圆润、光滑、轻盈，富有流动感、连续感，如图 3-28 所示。

（4）坚固、耐用

产品从肌理、色彩、材质、结构上突出稳定、可靠、耐用的性能，如图 3-29 所示。

（5）精密

精密性是产品品质的代表。这样的设计往往注重细节。表面肌理的处理，灯光色调的处理，营造出一种科技时尚感，如图 3-30 所示。

（6）安全、可靠

婴幼儿使用的坐椅、儿童使用的玩具、医疗用的仪器等，应充分考虑使用者的安全性、可靠性，造型敦实、圆滑，如图 3-31 所示。

（7）卫生、健康

单一形体，色调温和，转折少，过渡平和，较多圆滑，给人一种自然细腻的感觉，如图 3-32 所示。

图 3-28　富有动感的设计

图 3-29　坚固耐用的材质

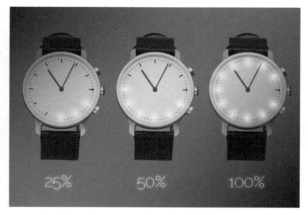

图 3-30　智能手表

图 3-31　安全可靠的形态

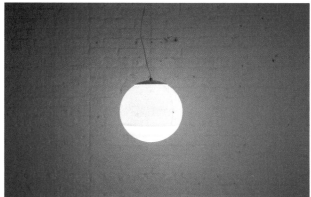

图 3-32　创意雨灯

二、产品形态设计的"人性化"主题

人性化设计就是要充分尊重人的尊严，满足人物质和精神的多层次的需求，发掘人的内在潜能。产品强调通过设计体现对人的关怀，人在整个过程中是终级目的。因此，设计师应该充分注意到人的意识性、能动性、文化性、情感性等构成人本质的重要因素。

我们可以把与人性化相对的思想称之为物本主义，它的特点是漠视人的重要性，将人与物放在同一个平面上，追求人以外的目的。物本主义最为典型的例子就是 20 世纪初应运于企业管理的泰勒管理方法，在这套所谓高效的管理方法中人等同于会走路的机器。管理制度严格规范好人的每一个动作、计算好每一个动作的用时，试图将人的极限发挥到最大，而这样恰恰从根本上忽视了人性的存在。

设计是思想物化的过程，即由设计师思想变成物品的过程。在一个层面上来看它是在丰富着人的物质生活，而另一个层面上它应该是在满足人的精神需求。特别是在物质文明中已经是十分发达的今天，精神需求就变得更为重要，产品中应该蕴涵有个人的追求、尊严、地位、个性等精神的含义。这就是设计中"从无形到有形，再从有形到无形"的过程。一个好的设计应该具有良好的亲和性，体现着人至善、至美、至纯的理想，闪耀着人性的光辉。这样设计在为人类创造了现代生活方式和生活环境的同时，也是在为人类建设美丽的精神花园。

爱是人性的重要内容，它可以看做是人与人之间的一种相互依附，也可以看做是潜意识的一种体现。人时时刻刻都在渴求着爱，并以各种各样的方式不自觉地体现着爱。在日常生活中我们可以观察到：人们喜欢用抽烟来缓解压力；孩子很容易养成吮吸手指和啃铅笔头的习惯；少女喜爱深陷在软沙发里，喜爱拥软被子。这些行为都可以解释为人们在成年后，寻找在婴幼儿时被哺养和怀抱的母爱的一种体现。竞争激烈和压力巨大的社会，在人们寻找安慰和保护的过程中，母性的关怀成为源头。我们可以把人的处境放在一个同心圆里。在里面的圆圈中，人们追求情爱、性爱、权利、创造，不断地想去扩展，去开拓世界。在外圈中，人处于纷乱的社会中，期望返回到零点，回归到母性的关怀中。离心力和向心力在人有意识或无意识中组成了人存在的紧张的张力。如果设计师从人性的角度，探讨从视觉、触觉、听觉、味觉等方面来满足人的内在需要，这样的设计主题就会远远超出功能论的单一目标的范畴，达到一个更高的层次。一个给人安全感的床，一个给人以欢迎感的桌椅，一个给人温暖感的杯子等具有亲和力，散发着浓浓爱意的设计作品将会改变人们生活的态度、生活的质量，给人以美的享受。

中国台湾实践大学一位学生的设计生动地体现了这一点。在接到灯具设计的课题后，她一直没有找到设计的切入点。在苦苦思索的过程中，她偶尔从"阳光"中得到了灵感，联想到受到阳光照耀就会发芽的"豆芽"。经过她一个多月对豆芽生长的观察，一件充满对自然热爱的仿生设计灯具诞生了。螺旋弯曲的豆芽作灯身，浅绿色的豆瓣作灯罩，整个设计温馨、典雅，唤醒人们对生命力、对自然的热爱。

（1）产品形态符号在感观、触觉、人机方面，表现出宜人、舒适、温馨的特点，如图 3-33 所示。

（2）产品形态符号突出人的个性，满足人对尊严、地位、身价、个性的需要。

（3）对趣味的诠释。遵循快乐原则，产品形态符号营造充满乐趣的轻松氛围。

（4）社会道德价值观对社会弱势群体的关注。

（5）"人性化"形态符号主题对应词汇：

① 关爱人的、宜人的、让人亲近的、熟悉的、温暖的、温馨的、柔软的；

② 包容的、包围的、体贴的、受到保护的、舒适的、适度的、适合的；

③ 有生命力的、活力的、现代的、理想的、未知的；

④ 科学的、理性的、革命的、鲜艳的、响亮的、让人注目的；

⑤ 独特的、反叛的、与众不同的、青春的、活力的、冲动的；

⑥ 变化的、不稳定的、无规律的、不成熟的、短暂的、易遗忘的。

图 3-33　舒适的家具

三. 产品形态设计的文化内涵

设计的本质之一是文化。文化的发展是一种自然的人化过程，表现在外在自然的人化和内在自然的人化（人的教化）的双向进程。设计是推动物质文化发展的一种手段，正处于这种内外过程的交叉点上。（图3-34）

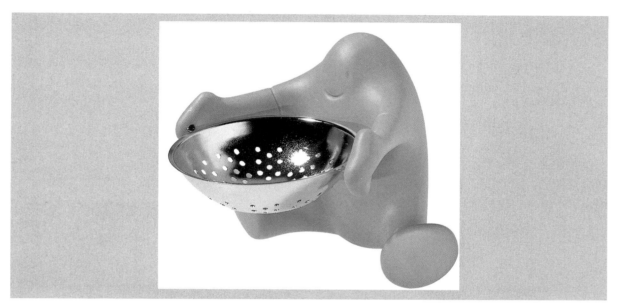

图 3-34　容器设计

文化的概念首先是与自然现象相区别的。自然存在物只有经过人的加工、改造、创造，成为人的社会对象，才构成文化现象。根据文化学的观点，可以将文化现象区分为四种形态：器物文化，人类生产劳动所创造的物质成果；智能文化，人类积累的科学技术知识；制度文化，人类调控社会环境所取得的成果；观念文化，人们意识形态中的价值观。根据美国学者司徒尔德提出的文化生态的观念，将四种文化形态依照其与环境关系的密切程度联系起来。

物质文化与自然环境的关系最为密切，最为活跃，它直接受到科学技术和生产力发展的推动。新的物质文化的产生首先是对原有约定俗成的观念的突破，并对原有的制度文化产生影响，同时它的产生又需要某些新的观念为先导。

历史文脉的继承、回应、发展、变异。

艺术品与产品之间的过渡，既是观念的审美存在，又是功能实现。

生活哲学观点支配下的设计理念。

1. 公司的设计理念

日本 Muji：反品牌，反奢华，反差别，反包装，和消费社会相对立的一种简约的商品开发概念。

意大利阿莱西：快乐与感动。产品能够很好地供人们使用，能够给人功能上的快乐和享受。

2. 设计师的设计理念

产品"社会意义"。主题资源、环境、人口是当今人类社会面临的三大主要问题。特别是环境问题，正给人类社会生存与发展造成严重威胁。制造业是将资源通过制造过程，转化为人们使用的工业产品和生活消费品。它是人类财富的支柱产业，但同时也是大量废弃物的来源，对环境造成了污染。

（1）绿色设计。即在产品整个生命周期，考虑产品的环境属性。设计中以可拆卸性、可回收性、可维护性、可重复利用性为设计目标。在原材料的获取，生产制造、运输销售、使用及回收处理时都着重考虑其对环境的影响。

（2）产品包装。产品和包装之间互为补充。美观、保护产品的同时，减少包装量，废弃后容易降解、回收、重新使用。

（3）模块化设计。复杂产品要充分考虑该种产品的适应性以使产品能不断更新或完成多种不同的功能。

（4）可拆卸、可回收。

四、产品形态设计中的品牌战略

品牌是产品的一种名称、标记、符号、设计图案或是它们的组合，其目的是借以识别某个销售者的产品，使之同竞争对手的产品区别开。此外，品牌有助于细分市场，吸引顾客，树立形象，宣传品质。品牌含义包括 6 个层次：属性、利益、价值、文化、个性、用户。在现代品牌学的理论中，品牌已发展为一种新的经营模式，是市场竞争的高级阶段。（图 3-35）

图 3-35　苹果电子产品

品牌战略在产品设计中体现之一是 PI（product identity），即产品系列的相关、延续性的整体规划，从而体现品牌的内容和特征。对熟悉的事物有亲切感，或是斥异性，这是人类基于安全感的心理本能，我们不得不考虑这一本能对产品设计的影响。另一方面，作为同用户直接接触的产品，整体、统一的产品形象是在市场中区别竞争对手，增加差异度的有力手段。PI，即产品识别，是企业形象整体 CIS 的重要内容。它可以帮助培养客户的忠诚度，加深消费者对品牌的认识和信任。

PI 包含几个基本的内容：理念指导、整体风格、经典局部。

1. 理念指导

MI 是企业形象整体 CIS 的关键，统领着 PI。思想只有明确，才能贯彻在行为、形象、产品设计的各个环节。明基 BenQ 是中国台湾品牌，在德国 IF 大奖中获得多个奖项。BenQ 的设计总监认为要设计出自己品牌的风格，光依靠国际设计是不行的。他坚持自己的品牌设计，强调中国文化的包容。设计要将科技与人情，东方与西方二元共存。

2. 整体风格

在理念的指导下，确定对应的形式风格，它相对稳定，个性独特，给人相似的印象。如 IBM 的深蓝延续在每一款设计上，设计简洁而明确，统一给人高效的感觉。APPLE 的产品不断更新换代，但 APPLE 给人的感觉一直非常相似，时尚活泼、品质卓越。

3. 经典局部

是指某些系列产品具有明显的造型语言，即语义符号。系列产品中，在设计中保留最吸引人的特征，其他变化才不会太突兀。既有所变化创新，又保留成熟的细节，才能保证商业上的成功。

在对产品形态符号研究的过程中，我们发现用符号学观点剖析林林总总的产品形态的优势。符号学作为文化的一种分析手段，使我们看到了形态变化背后的共同模式。产品形态不仅同形式美法则联系，也同其象征的多样化意义有关，它产生于文化、经验、关系和系统。

产品不是一般意义上的审美对象，不同与艺术品。我们把它称之为"美的对象"，它具有审美性质，也具有功能，是一个严密的逻辑系统。所以，在这里形态必须满足功能，形态是其逻辑结构的对应，这是前提。但这并不等同于现代主义看待功能、形式关系的看法。功能决定形式的观点过于粗糙、简单。功能并不是形式的唯一内容，形式可以在一定范围脱离功能，寻找更广泛的意义。（图 3-36）

图 3-36　MacBook 局部细节

什么是好的产品形态？ 一方面，产品形态满足多样统一的形式规律。抽象的形式本身具有性格和情感的意蕴。一方面，产品形态体现符号性质，传播意义。通过这样的媒体，达到人同产品的一种统一，肯定某种意义的目的。简单地说，好的产品形态，满足功能逻辑，达到形式同内容（意义）的统一。

本章作业

1. 产品形态设计形式美的法则有哪些？

2. 产品形态设计的要素是什么？

3. 产品形态设计的方法有哪些？

4. 产品形态审美内容和意义传达方法。

第四章 产品创新设计方法

学习目标：

创新设计是产品设计的精髓，设计过程就是创新过程，而创新过程是设计师通过设计思维应用创造法则的过程，因此设计师应具备利用创造性的思维方法进行创新设计的能力。

学习重点：

1.创新的概念；

2.产品创新设计方法。

学习难点：

产品创新设计方法的掌握。

设计过程就是创新过程，而创新过程是设计师通过设计思维应用创造法则的过程，因此设计师应具备利用创造性的思维方法进行创新设计的能力。

第一节　创造性思维

一、创造性思维

它又称变革性思维，是以各种智力和非智力因素为基础，在创造活动中表现出的具有独创性的、产生新成果的高级、复杂的思维活动，是整个创造活动的实质和核心。（图 4-1）

图 4-1　智能机器人

创造性思维的过程一般要经过选择、突破和重新建构三个阶段。选择就是通过充分思维，对思维过程中出现的众多设想进行有意识、有目的的舍弃，只有选择符合设计需求的、有价值的、与设计目的相符的设想，避开非本质的、无价值的设想，才能有效地进行创新设计；通过选择得到的设想与现有解决方案相比应具有一定的新颖性，即突破；重新建构的过程，则是利用各种创造法则和技法实现初步设想的过程。

二. 创造性思维的形式

创造性思维不是单一的思维形式，而是多种思维形式的协调统一。其具体表现形式包括：

1. 逻辑思维和形象思维

逻辑思维是在认识过程中用反映事物共同属性和本质属性的概念作为基本思维形式，在概念的基础上进行判断、推理，反映现实的一种思维方式。逻辑思维抽取事物的本质属性，具有抽象性的特征。

形象思维是运用过去感知的事物的映象通过想象、联想等进行分析、选择、综合、抽象以形成新的意象的过程，整个思维过程一般不脱离具体的形象，具有直观性的特征。

2. 直觉思维和灵感思维

直觉思维是指以少量的本质性现象为媒介，不经过逻辑推理而直接把握事物本质与规律的思维形式，具有直觉性的特征。

灵感思维是指借助直觉启示而对问题得到突如其来的领悟或理解的一种思维形式，是潜意识中信息在外界因素诱发下突然闪现而表现出的创造能力。灵感的出现具有不确定性，但都有赖于知识经验的积累、良好的精神状态和外界环境，并在长时间、思想高度集中的思考过程中产生。（图 4-2）

图 4-2　无人相机

3. 发散思维和收敛思维

发散思维又称求异思维，是以某一思考对象为出发点，沿着不同方向、多角度多层次向外辐射展开设想，以期获得新的构思和突破的思维形式。发散思维要求充分发挥想象力，突破现有的思维定式，通过知识、观念的重新组合形成具有新意的解决方案。就设计而言，发散思维在提出设计构想和方案设计阶段具有重要的作用，发散的方向侧重于设计对象的用途、结构、功能、形态和相互联系等方面。

收敛思维又称求同思维或定向思维，是以某一思考对象为目标，从不同角度、不同方向将思路指向该对象，以寻找解决问题的最佳答案的思维形式。这种思维形式经常利用已有的知识和经验，通过推理、演绎等方式获得解决方案。就设计而言，收敛思维常用于对发散思维所获得的大量创造性构想进行综合和选择，即以设计对象的设计要求为中心，寻求实现设计目的的最佳方法。

4. 分合思维和逆向思维

分合思维是将思考对象加以分解或合并，以产生新思路、新方案的思维方式。在产品设计中，分合思维是一种较为常用的设计思维形式，通过对形态、功能等要素的分解合并可产生很多新的设计思路。（图 4-3）

逆向思维是逆转思维方向，沿着正常考虑问题的相反方向去寻找解决方案的思维形式。在正向思维受阻的情况下，适当应用逆向思维经常可得到"山重水复疑无路，柳暗花明又一村"的效果。

图 4-3 可调节座椅方式的凳子设计

第二节　创造法则

设计思维的实质就是创造性思维，在设计过程中除灵活应用各种创造性思维形式外，还应了解和掌握创造的基本规律——创造法则。

1．综合法则

在分析设计对象的各个构成要素的基础上加以综合，融合多学科知识和多种设计技术为一体而产生创新成果的创造法则。它可表现为新技术与传统技术的综合，自然科学与社会科学的综合等。

2．还原法则

排除设计物现有方案、原理和结构的影响，返回设计的初始状态，抽取设计对象的最本质功能，集中研究其实现手段和方法的其他可能性，以获得技术原理完全不同的革新成果。

3．移植法则

运用移植原理，把其他对象的概念、原理和方法应用于设计对象的创造法则，能促进设计对象间的渗透、交叉和综合，使设计在现有材料、技术的基础上获得意想不到的设计效果。

4．对应法则

依据事物间在形态和功能上普遍存在的对应性，运用相似、模拟等师法自然手段获得技术思想、设计原理、外观造型的创造法则。

5．离散法则

将现有设计对象的构成要素、功能或形式予以分离，以产生新的设计概念和构想的创造法则。

6．组合法则

将一种或多种产品的构成要素、技术原理、结构形式等进行适当组合，以形成新方案、新产品的创造法则。组合创造的方法一般有主体添加法、异类组合法、同物组合法及重组等。

7．强化法则

针对现有设计对象的主要功能和技术特点加以突出、强化或扩充，以产生具有量变或质变的革新产品。

8．换元法则

又称替换法则，是将设计对象分解为若干设计要素后，对其中的一个或多个元素的材料、工艺、形态、色彩、原理、结构等使用其他可行方式进行置换而产生新构思的创造法则。

9．逆反法则

反转常规的设计思路，从相反方向考虑设计对象的原理、模式、顺序和因果关系，或在结构、形态上作正反、上下、里外的颠倒处理，以产生新颖而巧妙的设计构思。

第三节　产品设计构思方法

一、借鉴设计

在其他产品领域中得到启发，将原理、结构或造型"借鉴"过来使用，从而产生新的产品，这就是借鉴的设计方法。

在众多的设计方法中，这种方法有点"抄袭"的味道。它受到别的产品的形态启发，"直接"拿过来运用到自己的设计上，但毕竟是两种完全不同的产品，"直接"搬过来是不可能的。因此，实际上还是启发。只要该设计的某点想法有类似之处，就可能把这种想法用到那种产品中去试一试。如，从装饰纽扣的造型上受到启发，设计一个时钟；从建筑造型上受到启发，设计一个灯具、一把椅子；汽车造型可以借鉴到电话机、吸尘器造型上来。如图 4-4 至图 4-6 所示。

图 4-4　借鉴戒指的开瓶器设计　　　　图 4-5　借鉴服装设计的隔热设计　　　　图 4-6　借鉴汽车造型的吸尘器设计

二、继承

继承也有模仿的意味，但原型是前辈的创造物，并蕴含着批判的成分，是模仿加改良的设计思想。设计史上，每当相对稳定发展的时期，这种设计思想就会成为主导。一种风格或样式持续百年以上的例子，在 20 世纪以前为数并不少。

继承型设计思想的普遍性、持久性可以说是必然的。在历史平稳发展的时期，人们的生活方式、欣赏习惯有相当顽固的持久性，因此，照祖宗家法办事是极为正常的。在历史转折时期，激进派向"左"、保守派向"右"的引导，常常使继承型设计以折中的形式在夹缝中长存。因为处于中间状态的多数人更乐于接受和缓的改良，接纳剧烈变化则需要时间。例如中国近代服装史上，改良旗袍曾盛行数十年。旗袍原为满族妇女的服装，系直身的宽袍。20 世纪 20 年代以后，经简化和改进，成为靠腰贴身的轻便女装，从普通妇女到上流社会都广为流行，三四十年代曾与欧化时装同时受到欢迎。中华人民共和国成立后崇尚朴素，欧化时装几乎在一夜间遭到鄙视，只有旗袍仍占有一席之地，甚至成为出国女服中最富有魅力和民族性的款式。从 20 世纪 20 年代到 80 年代，中国历史几经大起大落，但改良旗袍在服装中集民族性、时代感和女性化为一身，能为各种思想所接受，实为不多见的特例。

继承型设计思想不同于"复古主义"。后者明显的是保守、复旧的同义词。继承型强调批判的成分，反对照搬陈旧的，主张推出时代的和民族的。历史框架的转移、民族文化的演进，使今昔早已不能同日而语。中国在 20 世纪 80 年代的开放热潮中，确实出现过"彩陶热""敦煌热""汉唐热""民间热"，这是在"横扫一切"之后的复苏，是闭塞以后的喷发。一旦走上正常轨道，这些热流都会汇入时代的大潮，以传统形式与现代形式杂糅的折中方式出现。

三、反向设计

所谓反向设计，就是设计者把习惯的事反过来思考，从似乎是无道理中寻求道理。

在长期的思维实践中，每个人都形成了自己所习惯的、格式化的思考模式。当面临外界事物或现实问题的时候，我们能够不假思索地把它们纳入特定的思维框架，并沿着特定的思维路径对它们进行思考和处理。这就是思维的惯常定式。

反向设计构思法就是要突破惯常定式，从全新的角度去思考问题。反向思维，常常能够将思考推向深入，将自己头脑中的创意观念挖掘出来。世界上任何创新都不是简单的劳动，我们应该使用各种方法推进自己的思考。反向思考的方法为社会提供了种类繁多的物品，出现了从绝对观念中解放出来的均衡状态，同时，把人们从固定不变的观念中解脱出来，创造了新的概念。当然，用反向思考时，要当心走极端，必须从某种状态的反面进行彻底的观察，从而发现新的、有效的方法。

四、组合设计

把原来不能单独存在的，功能相近的东西组合起来，或是把两种功能让一个产品来担当，叫组合设计法。我们通常称之为一物多用。一物多用有两个方面的内容：一是产品具有多种用途，二是产品具有多种功能。

日本有一家专营文具的公司，经营了10多年没有很大起色，经常为积压的各种小文具而头痛。老板心急如焚，发动员工想办法。有一位刚刚在公司工作一年的女孩，虽然没有什么经商经验，但她从学校出来不久，对学生需要文具的心态非常了解，自己也有切身体会。于是，她根据自己的体会设计一种"文具组合"销售办法。这种"文具组合"一经面市，立即引起轰动，成为划时代的热门商品，挽救了这家企业，也成为日本文具行业的特大新闻。实际上，市场需求是客观存在的，问题是经营者有没有眼光发现它，并想办法把它吸引过来，这是营销学的核心问题。所谓的"文具组合"只不过是7件小文具：10厘米长的直尺，透明胶带，1米长的卷尺，小刀，订书机，剪子，合成糨糊。7件小东西装在一个设计美观的盒子里。这样把一些最普通的，并有大量存货的小文具加在一起，使滞销变为畅销。道理很简单，它方便了消费者。

当然，不同的设计所遇到的问题也会不同。在组合设计中必须注意的是，组合不能理解为简单的"拼接"，以至于多种用途的产品还不如单一用途的产品好用。这一设计法特别强调合理性和协调性。时下常见的组合音响、组合家具，都是较为典型的组合设计法的产物。

如图 4-7 所示是厨房组合家具，这样的组合，精简了生活用品的数量，使生活更为方便。如果两物组合后，同时产生异化，从而产生第三种功能，这就是一种高级的组合，是一种值得研究的方向。

图 4-7　厨房组合家具

五、仿生设计法

自然界有着极为丰富的形态。万物之形，必有其生命原动力的存在，所有自然造型都具有必然性的结构或组织内涵。自然物不仅有其形态上的完美性，也有其机能需要的实用性，依据自然原理，可启发人类在创作造型上的许多构思，"仿生学"于是应运而生。

　　所谓仿生学，是模仿生物系统的原理来建造技术系统的科学。仿生学不是纯生物科学，而是把研究生物作为向生物索取技术设计蓝图的第一步；同时，它也不是纯技术科学，而是开辟一件发展科学技术的途径。人们研究飞机是受到"鸟"的启发。鸟能飞，人能飞吗？怎样飞？当然，即使你把鸟研究透了，也不能因此而设计制造出飞机来，但这个启发是非常重要的。

　　卢金·科拉尼（Luigi Colani）是被誉为 20 世纪达·芬奇式的才华横溢的全能设计师。他认为，自然界是最优秀的设计师，而"宇宙间并无直线"，设计必须服从自然规律和法则。他的设计一向具有空气动力学的特点，表现了强烈的造型意识。每逢设计中遇到问题，他便会在显微镜下仔细观察，寻求合乎逻辑的方案。他的设计灵感大多来自迷人的鸟类和水下的各种动物，力求设计的简洁和自然。（图 4-8）。

　　我们在运用仿生设计方法时，必须注意"仿生学"只能是启示，不能取代设计者的创造。设计者在模拟生物有机体时，必须加以概括、提炼、强化、变形、转换、组合，从而产生全新的冲击力。运用仿生学方法的要点是"似物化"，"似"比单纯的模仿进了一步，但仍受到原有形态的约束；而"化"则更深入一步。只有模拟得出神入化，扬弃了纯粹的自然形态，才有可能创造出全新的产品。（图 4-9、 图 4-10）

图 4-8　科拉尼交通工具设计

图 4-9　仿生形态座椅

图 4-10　仿生形态电热水壶

本章作业

1. 产品创新设计的一般方法有哪些？

2. 产品创新设计的原则是什么？

3. 仿生设计的原理是什么？用仿生设计的方法完成一件产品形态设计。

第五章 产品设计程序

学习目标:

产品设计程序是产品设计工作的保障。有一个规范的流程,才能有计划、按步骤、分阶段地解决各类问题,最后得到满意的设计结果。

学习重点:

1. 产品设计的一般流程;

2. 产品设计程序与方法;

3. 产品设计各阶段内容及表达。

学习难点:

产品设计程序与方法的掌握,产品设计各阶段内容及表达。

工业产品的门类很多,产品的复杂程度也相差很大,每一个设计过程都是一个解决问题的过程,也是一个创新的过程。由于产品设计与许多要素有关,因而设计并不是单纯解决技术上的问题或是外观的问题,设计过程将面临与产品有关的各式各样的问题。因此,产品的设计开发必须要有一个规范的流程,才能有计划、按步骤、分阶段地解决各类问题,最后得到满意的设计结果。

在设计公司中,新产品开发设计的一般流程如图 5-1 所示。

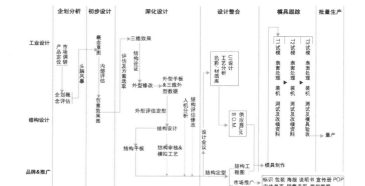

图 5-1 深圳浪尖公司产品开发设计流程

产品开发活动内容涉及工业设计、结构设计、品牌推广、生产准备等方面,要由企业的多个部门的人员参与。设计流程按照时间顺序可分为企划分析、初步设计、深化设计、设计整合、模具跟踪、批量生产几个阶段。设计中的外观、结构及制造方面的内容并行展开,在不同的设计阶段解决不同的重点问题,以市场行销会议、外观设计会议、结构设计会议、模具制造会议、生产会议等会议或其他形式总结各阶段的问题。

本章内容将针对产品开发流程中的关键步骤作进一步的说明。

第一节　接受设计项目，制订设计计划

一般而言，设计师做产品开发设计是从接受设计项目开始，也有可能是由设计师自己提出设计项目内容，再经可行性论证后立项的。产品开发是根据项目任务书的要求进行的，设计任务有多种情况，或是全新的设计，或是改良设计，或仅仅是外观调整设计。在接受一项设计任务时，除了必须了解所需设计的内容以外，还应非常透彻地领悟设计所应实现的目标。对设计所应实现的目标的理解程度，通常也就决定了一个设计师的设计水平。

由于每一个设计都是一个解决问题的过程，这几乎都是新的问题或是老问题的新方案，因此在设计之前对设计项目做一个全面的分析是十分必要的。这一分析通常就是项目的可行性报告的编制，主要内容是针对开发项目的要求，对产品设计的方向、潜在的市场因素、所要达到的目的、项目的前景以及可能达到的市场占有率、企业实施设计方案应该具有的心理准备及承受能力等。

接着就要制订一个完善的设计计划。制订设计计划应该注意以下几个要点：

（1）明确设计内容，掌握设计目的；

（2）明确该项目进行所需的每个环节；

（3）了解每个环节工作的目的及手段；

（4）理解每个环节之间的相互关系及作用；

（5）充分估计每一个环节工作所需的实际时间；

（6）认识整个设计过程的要点和难点。

在完成设计计划后，应将设计全过程的内容、时间、操作程序绘制成一张设计计划表，如表 5-1 所示。此计划表的结构形式适用于大部分产品的设计，只是对于不同的产品，设计周期有所不同。

表 5-1　产品设计阶段内容与时间计划

内容 ＼ 时间（天）	1 2 3 4 5 6 7 8 9 10	11 12 13 14 15 16 17 18 19	20 21 22 23 24 25 26 27 28
市场调研	————————		
调研报告	————		
设计讨论会	————		
设计构思	————————		
设计分析会		——	
设计展开		————————	
方案效果绘制		————	
方案研讨会		————	
设计深入		————	
模型图纸		————	
模型制作			————————
设计方案预审			————
设计制图			————
设计综合报告			————
设计方案送审			————

第二节　市场调研，寻找问题

任何一件产品的设计都不是设计师凭空臆造出来的，因为每一件设计都会涉及需求、经济、文化、审美、技术、材料等一系列的问题。不同的设计不仅所涉及问题的领域不同，而且深入程度也各不相同。因此，在设计开始之前，必须科学、有效地掌握相关的信息和资料。要使自己的设计不落俗套，就必须站在为使用者服务的基点上，从市场调研开始。

一、产品调研的内容

调研主要分为产品调研、销售调研、竞争调研。通过品种的调研，搞清楚同类产品市场销售情况、流行情况，以及市场对新品种的要求；现有产品的内在质量、外在质量所存在的问题，消费者不同年龄组的购买力，不同年龄组对造型的喜好程度，不同地区消费者对造型的好恶程度；竞争对手产品策略与设计方向，包括品种、质量、价格、技术服务等；国外有关期刊、资料所反映的同类产品的生产销售、造型以及产品的发展趋势的情况也要尽可能地收集。

产品市场调查的内容范围如图 5-2 所示。

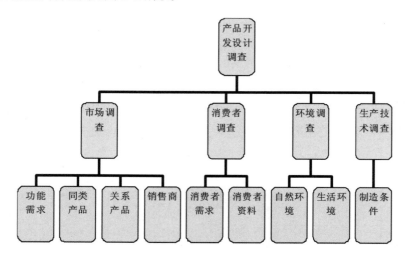

图 5-2　市场调研的内容范围

二、收集资料的方法

调研方法很多，一般视调研重点的不同采用不同的方法，如询问法、查阅法、观察法、购买法、互换法、试销试用法等。最常见、最普通的方法是采用访问的形式，包括面谈、电话调查、邮寄调查等。调研前要制定调研计划，确定调研对象和调研范围，设计好调查问题，使调研工作尽可能地方便、快捷、简短、明了。通过这样的调研，收集到各种各样的资料，为设计师分析问题、确立设计方向奠定了基础。

三、调研信息的整理

调研信息的整理主要是指对市场调研获取信息的分类。信息分类的特点在于能将类别属性相同的信息集中在一起，类别相近的信息建立起密切联系，类别性质不同的信息区别开来，组织成有条理的系统，便于设计师或其他用户从中发现原来不了解的相关信息。

信息分类有以下几种：位置组织、顺序组织、时间组织、类别组织和层次组织。每一种方法能够使同样的信息产生不同的理解结果。

（1）位置组织法：适用于调查和比较具有不同来源的信息。比如，对同一产品的各地市场的销售状况比较。

（2）字母顺序组织法：适于大规模信息的组织，最典型的就是词典。在一般的产品设计表达中，这种方法应用性不高。在一些大型企业，建立数据库或标准技术资料应用到这种分类方法。

（3）时间组织法：根据行动或者活动的时间进行分类组织，比较适合产品设计程序的表达或对产品使用过程的表达。许多时候，要了解一项产品的发展方向，首先要研究产品的演进过程，通过对产品的技术、造型风格和功能演化等信息的按时间进程中的变化进行分类，可以揭示产品的发展趋势。

（4）类别组织法：在产品信息的调研阶段经常使用的分类方法，可以对不同的产品设计信息，比如产品的造型风格、功能特点、价格、营销方式、消费群体等设计的关键因素进行分类组织，通过相互比较，发现在表象后面具有普遍性的设计提示信息。

产品设计中经常采用的分类原则是将对设计产生重要影响的因素作为分类的基点，从中分析出可以进行分类与比较的定位描述或关键词，将收集到的产品按其特征归类。通过对分类后的产品信息进行比较，设计师可以发现规律性的特征。

产品设计对调研收集到基础商品信息进行分类的思考点主要有这样几方面：

（1）按同类产品市场销售情况分类，以发现最具市场竞争力的商品特征；

（2）按同类产品售价及档次分类，以发现消费群体特征；

（3）按同类产品造型设计风格分类，以发现不同消费群体的爱好和愿望；

（4）按商品的品牌企业分类，以发现市场、营销特征；

（5）按同类产品的技术、功能特点分类，以发现技术的发展趋势。

例如，对家具调研收集到的图片按造型风格进行分类，见图 5-3、图 5-4、图 5-5 所示。

图 5-3　经典型消费人群喜爱的家具风格

图 5-4　创新型消费人群喜爱的家具风格

图 5-5　理性型消费人群喜爱的家具风格

由于影响设计的因素很多，通过产品市场、产品使用者、产品使用环境、产品相关技术等方面调查取得的资料，除了用上述分类的方法整理所获得结果外，还可将各类信息按该产品设计的相关因素及构成关系整理成一张图表，这样更有利于设计参考。实际上，在调研阶段对各类信息关系的研究，也就是设计构思解决问题的开始。

图 5-6 所示是对购物袋设计调查信息的分析。

对于概念设计产品，调研分析往往要从人的最基本的需求出发，最终找到满足其具体需求的产品设计。图 5-7 所示是家中物品开发设计调研计划与方法。

图 5-8 所示为家中物品系统需求阶梯分析。

图 5-9 所示为家庭中衣、食、住、行、用各类物品需求阶梯分析。

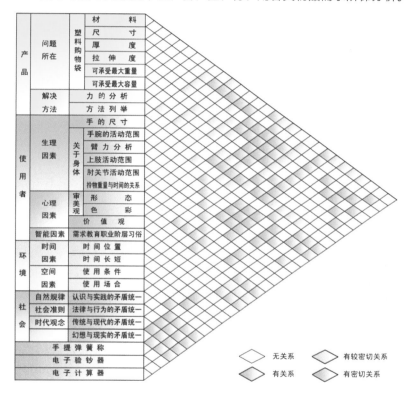

图 5-6　购物袋产品调查信息分析

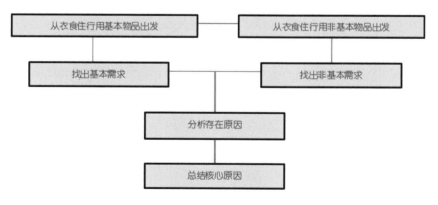

图 5-7　家中物品开发设计调研计划与方法

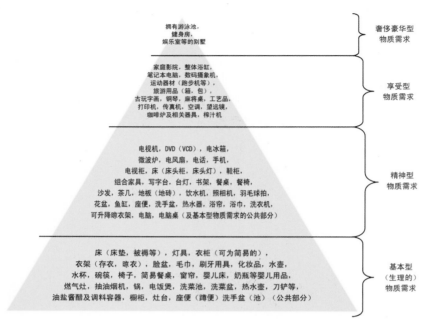

图 5-8 家中物品系统需求阶梯分析

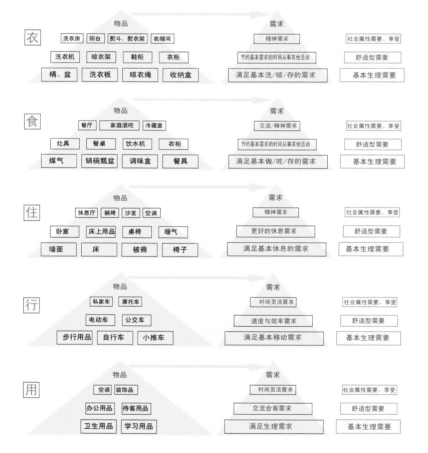

图 5-9 家中衣、食、住、行、用各类物品需求阶梯分析

第三节　分析问题，提出概念

在调研的基础上，设计师要开动脑筋，充分发挥设计师的敏感性特点，去发现问题所在。爱因斯坦说过："提出一个问题往往比解决一个问题更重要，因为解决问题也许仅是一个数学上或实验上的技能而已，而提出新的问题，新的可能性，从新的角度去看旧的问题，却是创造性的想象力，而且标志着科学的真正进步。"

提出问题首先是能发现问题。问题的发掘是设计过程的动机，是起点。工业设计师第一个任务就是认清问题所在。一般问题来自各式各样的因素，设计师要把握问题的构成。这一能力对设计师来说是非常重要的。这与设计者的设计观、信息量和经验有关。如果缺乏应有的知识和经验，就只能设计出极其幼稚的物品。

明确了问题的所在，就应了解构成问题的要素。一般方法是将问题进行分解，然后再按其范畴进行分类。问题是设计的对象，它包含着人机环境要素等。只有明白了这些不同的要素，方可使问题的构成更为明确。

大量的信息和问题往往由多种因素引起。要认识问题，首先要明确问题的结构，分析问题的组成。一般可从产品、使用者、环境和社会这四个方面展开分析，见表 5-2 所示。

表 5-2　设计问题分析

产品	材料	机械性能，化学性能，外观性能		
	结构	内部结构，外部结构，装配结构		
	尺寸			
	功能	基本功能，辅助功能，扩展功能		
	操作	操作形式，难度		
使用者	生理因素	尺度		
		空间		
		操作力		
	心理因素	审美	形态	
			色彩	
			装饰	
		价值观		
	智能因素	操作难度，残疾人		
环境	空间	使用场合		
	时间	使用时间		
	条件	使用条件	温度，气候，干扰	
社会	社会准则	法律，道德，环保		
	时代观念	流行，时尚		
	民俗			

认识问题的目的是寻求解决问题的方向。只有明确把握了人机环境各要素间应解决的问题，明确了问题的所在，就明确了应采用何种解决问题的方法。在解决设计问题时，要按系统的方法来认识问题，有条有理地按照预定的设计目标进行工作，在设计的前期工作已经进行得十分充分的前提下，设计的结果以及解决问题的方案就应该同时在设计人员头脑中产生。

设计师能否根据设计问题的分析提出设计概念是非常重要的。发现了问题，明确了问题所在，也能找到解决问题的方法，但如何找到最佳点和最佳方法，这就要求设计师具有创造性的思维：通过发现与思考，提出新的设计概念，并在这一概念指导下从事设计工作。

英国皇家工业设计师 AlanTay 是一个专门从事建筑五金件设计的专家。他在设计门把手的过程中，发现夜间使用门把手常常因看不清楚而给使用者带来不便。这一问题的发现，促使他提出"在没有灯光的情况下能准确使用门把手"这样一个设计方向。于是，他采用一种高分子发光材料，将它设计在把手表面，使门把手始终处在自发光的状态下，这种光在灯光下看不见，但在无光的情况下，其自发光度足以使使用者准确使用。

上述是设计师从解决人们在产品使用过程中的问题入手的例子。使用方式、功能结构、材料、造型都可以作为入手点，但首先是提出设计概念，也就是设计的方向，只有方向明确，工作才能展开。

商业竞争是激烈的，有的情况下，设计概念的提出是从对竞争对手的弱项进行分析产生的。如日本东芝公司在开发"随身听"产品时，分析索尼公司同类产品的诉求重点是"高品质"（High Quality）和"高技术"（High Tech）。因此将自己的新产品定位为"高时尚"（High Pashion）。"高时尚"这一概念，对年青人尤其对少女消费层有着广泛的吸引力。设计师在这一概念指导下进行设计，其结果必然在竞争中立于不败之地。

有了设计概念，明确了设计的方向，便可进入下一设计阶段。

第四节　设计构思，解决问题

有了设计概念，占有了大量资料，设计工作将进入构思阶段。

构思，是对既有问题所作的许多可能的解决方案的思考。这时，不要过分注意限制因素，因为它往往会影响构思的产生。在设计的一般程序被人们了解掌握后，决定设计成败的关键就在于设计师的思考方式和思维习惯。设计师思维的多样性、扩散性及对问题把握的程度是衡量设计师水准的重要依据。工业设计师的特点在于能用常人想不到的方法来实现人们想得到的需求。当然，优异的设计思维的形成和发展是随着设计经验的提高而提高。创造性思维的程序如表 5-3 所示。

表 5-3　创造性思维程序

系　统			思　维　程　序	
措施	步骤	序号	创造过程	思维方式
反馈	输入	1 2 3	细微质疑，发现问题 详细调查，分析问题 求知于世界，更上一层楼	有 意 识
	处理	4 5 6 7	集中思维，掌握规律 强化想象，望尽天涯路 扩散思维，捕捉思想火花 逐步逼近，形成新的概念	潜 意 识
	输出	8 9	充分验证，反馈控制 新的突破，纳入常规	有 意 识

设计就是这样，不断地将多种解决问题的可能性进行综合，把看上去互不相干的东西逐步推进到一个解决方案的组合体中。

设计构思主要是为了解决"设计的概念"。设计草图是设计师将抽象的设计概念变为具体的形象的十分重要的创造过程。当一个新的"形象"出现时，要迅速地用草图把它"捕捉"下来，这时的形象可能不太完整，不太具体，但这个形象有可能使构思的概念进一步深化。这样的反复，就会使较为模糊的不太具体的形象轮廓逐步清晰起来——这就是设计中的草图阶段，见图 5-10 所示。

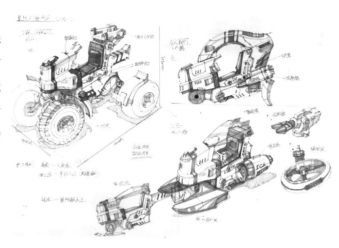

图 5-10　设计草图

草图主要是设计师本人分析研究设计的一种方法，是帮助自己思考的一种技巧。草图主要是给自己看的，因此不必过分讲究技法，或许只是几根简单的线条。当然，在有些情况下，草图要与业主共同讨论，这时的草图应该讲究一定的完整性。

完成草图，就完成了具体设计的第一步，而这一步又是非常关键的一步，因为它是从造型角度入手，渗透了设计第一阶段各种因素的一种形象思维的具体化，使想象思维在纸上形成三度空间的形象。在前一阶段"设计概念"所确定的设计方向，至此已基本解决。

第五节　设计展开．优化方案

构思方案可能是一个，也可能是若干个。此时设计师要进行比较、分析、优选。从多个方面进行筛选、调整，从而得出一个比较满意的方案，进入具体的设计程序之中。

设计展开是进入设计各个专业方面，将构思方案转换为具体的形象。它是以分析、综合后所得出的能解决设计问题——初步设计方案为基础的。这一工作主要包括基本功能设计、使用性设计、生产机能可行性设计即功能、形态、色彩、质地、材料、加工、结构等方面。这时的产品形态要以尺寸为依据，对产品设计所要关注的方面都要给予关注。在设计基本定型以后，用较为正式的设计效果图给予表达。设计效果图的表达可以是手绘，也可以用电脑绘制，主要是直观地表现设计效果。因为业主毕竟没有经过专门训练，空间立体想象力并不强，直观的设计效果图便于帮助业主了解设计制作成品以后的效果，帮助业主决定设计的结果，见图 5-11 所示。

图 5-11　音乐播放器设计效果图

第六节 深入设计，模型制作

在这一阶段，产品的基本样式已经确定，主要是进行细节的调整，同时要进行技术可行性设计研究。方案通过初期审查后，要确定基本结构和主要技术参数，为以后的技术设计提供依据。这一工作是由工业设计师来完成的。为了检验设计成功与否，设计师还要制作一个仿真模型。一般情况下，只要做一个"外观模型"就可以了，但为了更好地推敲技术实施的可行性，最好做一个"工作模型"，就是凡能动或打开的部分都做出来。设计师在进行设计时，要充分考虑到产品的立体效果。效果图虽是画的立体透视图。但这毕竟是在平面上的推敲，模型则是将产品真实地再现出来，任何细节都含糊不得，所有在平面上发现不了的问题，都能在模型中反映出来。所以，模型本身就是设计的一个环节，是推敲设计的一种方法。模型制作对先前的设计图纸是一个检验。模型完成以后，设计图纸是肯定要进行调整的，模型为最后设计图纸的定型提供了依据。模型既可为以后的模具设计提供参考，又可为先期市场宣传提供实物形象。因为仿真模型拍成照片以后可以以假乱真，这为探求市场情况提供一个视觉研究物，对下一步设计的深入和经费的投入提供一个检验物，如图 5-12 所示。

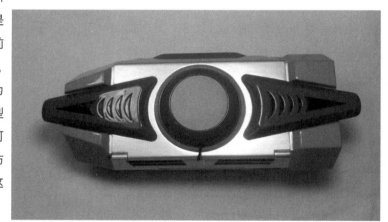

图 5-12 产品模型

第七节 设计制图，编制报告

设计制图包括外形尺寸图、零件详图以及组合图等。这些图的制作必须严格遵照国家标准的制图规范进行。一般较为简单的设计制图，只需按正投影法绘制出产品的主视图、俯视图和左视图（或右视图）三视图即可。设计制图为下面的工程结构设计提供了依据，也是对外观造型的控制，所有进一步的设计都必须以此为"法律文件"，不得随意更改。如图 5-13 所示是一种电源开关的三视图和结构爆炸图。

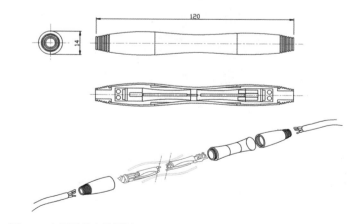

图 5-13 电源开关产品图样

设计报告书是以文字、图表、照片、表现图及模型照片等形式所构成的设计过程的综合性报告，是交由企业高层管理者最后决策的重要文件。

设计报告的制作既要全面，又要精炼，不可拖泥带水。为了给决策者一目了然的良好感觉，设计报告的编制排版也要进行专门设计。设计报告的形式可视具体情况而定，一般来讲，可按下列内容进行展开。

1. 封面

封面要标明设计标题、设计委托方全名、设计单位全名、时间、地点。如果该产品已有标志，封面还可以做一些专门的装潢设计。

2. 目录

目录排列要一目了然，并标明页码。

3. 设计计划进度表

表格设计要易读，可以用色彩来标明不同时间段里的不同工作。

4. 设计调查

主要包括对市场现有产品、国内外同类产品以及销售与需求的调查。常采用文字、照片、图表相结合来表现。

5. 分析研究

对以上市场调查进行市场分析、材料分析、使用功能分析、结构分析、操作分析等，从而提出设计概念，确定该产品的市场定位。

6. 设计构思

以文字、草图、草模的形式来进行，并能反映出设计深层次的内涵。

7. 设计展开

主要以图示与文字说明的形式来表现。其中包括分析与决定设计条件、展开设计构思、设计效果图、人体工程学研究、色彩计划、模型制作等。

8. 方案确定

主要包括按制图规范绘制的详细结构图、外形图、部件图、精致模型以及使用说明等内容。

9. 综合评价

放置一幅精致模型（样机）的照片，并以最简洁最明了、最鼓动人心的词语表明该设计方案的全部优点及最突出点。

设计报告书的编排如图 5-14 所示。

内燃叉车造型设计报告书

合肥工业大学
工业设计研究发展中心

设计目标

总则：JAC叉车 搬运专家 源于汽车品质
功能：力量感 结实的 稳定的 搬运工具 工业感 安全性 速度感
　　　汽车 灵活性 宽视野
品质：品牌感 经典的 纯正的 风格 大师风范 亮点突出 精致感
　　　高品质的 精雕细琢 可靠的
造型：简洁的 明快的 浑如天成 完美嵌入 完美和谐 饱满的 光滑的
　　　圆润的 大弧线 层次丰富 有韵律 节奏感 飘逸延伸 经纬相织
　　　极具雕塑感 亲切的 人性化 柔和的 感性的
色彩：黑色 黄色 红色 白色 强对比 警告色 醒目 江淮灰 江淮黑

市场调研

趋势分析

趋势

方便实用
品牌形象
大气 优雅
专业性,国际化
Conveniently to use
Brand Identity
elegant
professional and international

造型特征分析

规整的 面和线形式
尾部水平线连接
圆润的 大弧线

色彩计划

黄色 红色 白色 强对比 警告色 醒目

江淮黑　　　　　　　　江淮灰

设计构思草图

设计方案效果图

图 5-14　设计报告书

第八节　设计展示，综合评价

上一节讲到的设计报告，在有些情况下（比如竞标）要做成设计展示版面。当然，版面要经过专门设计，并以最佳方式展示设计成果。

对设计的综合评价方式有两大原则：一是该设计对使用者、特定的使用人群及社会有何意义？二是该设计对企业在市场上的销售有何意义？设计师一定要把握好这两个原则。

首先，应对设计构想进行评价：

（1）新构想是否具有独创性？

（2）新构想具有多少价值？

（3）新构想的实施时间、资金和设备的条件及生产方式是否可能？

（4）新构想是否适合企业在计划时间内的作业方法与销售？

（5）新构想是否在进一步树立企业的美好形象？

其次，再对产品本身进行评价：

（1）技术性能指标的评价；

（2）经济性指标的评价；

（3）美学价值指标的评价；

（4）市场、社会需求等方面指标的评价。

为了使设计综合评价一目了然，可对上述评价项目的结果用图表示意，以供设计决策。

本章作业

1. 概述一般产品设计流程。

2. 按产品设计一般流程，完成一件家电产品开发设计。提交完整的设计报告书，需进行版式设计，内容包括产品调研与分析、设计草图、装配图或爆炸图、外形三视图、外观效果图、设计说明文字等。

第六章　产品设计案例

本章选取的产品设计案例，是产品设计领域优秀的设计案例，覆盖了产品设计的各个领域。

一、FoldiMate 自动叠衣机

整理衣物对一部分人还是一件比较痛苦的事情，美国一家名叫 FoldiMate 的公司开发出了这款能够帮助我们批量自动叠好衣物的产品。这种自动叠衣机可以将洗过但充满褶皱的衬衫、裤子和毛巾经过高温蒸气熨烫后自动叠好，让衣物不仅干净柔顺而且还可以添加诸如香水或柔顺剂，全程只需要我们通过 LED 触控屏控制即可。

只要我们动手将洗好的衣服夹在自动叠衣机的衣架上，剩下的内容就可以交给它了。不过需要注意的是，像床单被罩或内衣袜子这种太大及太小的东西，这款自动叠衣机暂时还没有办法。它可以将叠好的衣服规整地放在托盘中，而根据不同衣物的厚度，最多可以一次性处理 30 件衣服。（图 6-1）

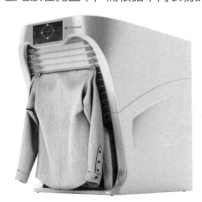

图 6-1　FoldiMate 自动叠衣机

二、为盲人设计的创新触觉手表

手表对于我们大家来说是再普通不过的东西，它不仅可以告诉我们时间，还拥有非常重要的装饰作用。但是对于盲人或视力受损的人来说，他们就无法通过普通的手表来获知当前的时间。不过在 Kickstarter 上出现了一款名叫 Bradley 的盲人专用手表，它从设计上就颠覆了传统指针手表的定义。这款手表有一个光滑的圆形钛合金表盘，没有指针，也没有数字。围绕手表中心的凹槽处有一个小圆球，用来表示分钟，手表边缘的另一个圆球表示小时。它以滚珠为指针，通过磁场效应控制指针的位置，极大地方便了盲人对时间的辨识，即使在触摸时不小心拨动了滚珠，它们也会自动回弹，解决了用户的后顾之忧。其实不仅是盲人用户，对于视力正常的普通人来说 Bradley 也是适用的，在一些阴暗的环境下，比如电影院等不用借助手机就能知道时间。甚至在约会时候偷偷摸下手表就知道时间，不会有尴尬的情况出现。

另外，在外观上 Bradley 也非常有个性，它使用了钛材质，机身尺寸为 40mm×11.5mm，相当有质感和手感，同时易于清洁。同时 Bradley 还有 50m 的防水性能，在洗澡游泳的时候都能使用，并且可选不锈钢、网织物、皮革等材质表带及芥末黄、橄榄绿及蓝色等颜色。这款手表的名字来自于一位名叫 Bradley Snyder 的人，他在阿富汗执行拆弹任务时失明，却在 2012 年的伦敦残奥会上夺得两枚游泳项目的金牌。而设计师的灵感来自于他 2011 年在麻省理工学院的一次讲座，当时坐在他邻桌的同学有视力障碍，向他询问时间。虽然这名学生也有手表，但只有按键后大声报时的功能，这非常影响当时的课堂秩序。后来，设计团队通过乐高积木制作出了最初的手表原型，在经过了许多视障的测试之后，最终为他们制造出了别具吸引力的计时器。（图 6-2）

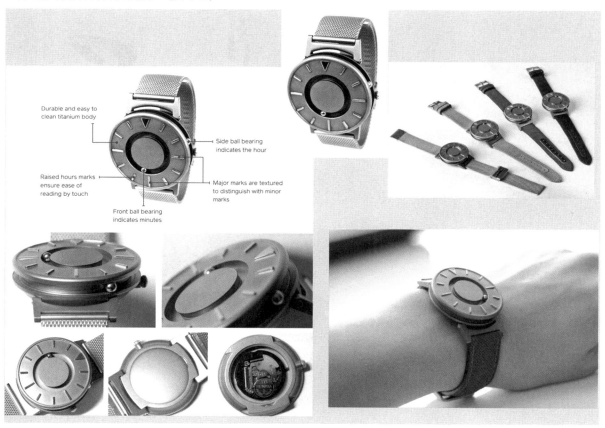

图 6-2　Bradley 创新触觉手表

三、INU 自动折叠智能电动车

首先看看 INU 的外观，时尚简约，从螺栓到框架，都透露出一种现代感，让人无法抗拒。与传统电动车不同，INU 可以通过遥控一键自动折叠，随后想放哪儿就放哪儿吧，一点都不占用家里空间。不仅如此，INU 还有更厉害的功能，那就是它的智能性。它拥有专门的智能手机应用，将两者连接后可以实现诸多智能功能。据官网介绍，INU 重量为 18 千克，尺寸为 1200mmx300mmx1500mm，折叠后尺寸仅为 1200mmx300mmx400mm。INU 框架为铝合金 6005-T5，最大负重为 120 千克，采用无刷 500W/750W 马达，最快时速可达 25km/h。另外，INU 采用锂电池供电，从 50% 到 100% 充满需要 1 小时，从 0% 到 100% 需要 3 小时。（图 6-3）

图 6-3　INU 自动折叠智能电动车

四、极简设计的 ZYP-ZYP 胶带切割器

这款胶带切割器再一次颠覆了我们的思维，造型小巧，设计原理简单，在节省空间的同时，也愉悦了我们的视觉。（图 6-4）

图 6-4　ZYP-ZYP 胶带切割器

五、可侧面翻转的徕卡 X3 时尚概念相机

徕卡的相机总以"德味"著称，不过近日一名瑞典的设计师 Vincent Sall 受单镜片眼镜和色轮启发，设计了一款徕卡 X3 概念相机。该相机采用旋盖式设计，侧面翻转即可打开相机。内置取景器可显示拍摄参数，也可以连接手机、平板充当取景器，其他设备可以通过蓝牙获取实时拍摄画面。通过机身外部的 3 个按键和一个拨轮即可完成感光度、光圈和快门速度参数的设置工作。值得一提的是，徕卡 X3 还支持无线充电。（图 6-5）

图 6-5 徕卡 X3 时尚概念相机

六、创意翻页书灯

国外设计师 Max Gunawan 设计出了一款名为 Lumio 的创意 LED 灯，这款灯的的外形如同普通的书本一样，能够自由开合，非常容易放置在一些空间狭小的地方，既节省了空间，还能方便人们使用。

据了解，这款 LED 灯的"书皮"采用了真木制成，具有极佳的硬度，很好地保护了里面的折叠灯罩和灯泡。并且"书皮"内还嵌入了工业级超强吸力的钕磁铁，方便人们将它吸附在任何磁性物品的表面。使用时，人们只需将它像书本一样翻开，之后它内置的 LED 灯便会自动发出亮光，最大几乎能够照亮 360 度的范围，而且摆放方式也十分多样。

同时，这款 LED 灯能够发出 500 流明，相当于一个 40W 白炽灯泡的亮度，内置的锂电池在满电状况下，支持提供 8 个小时的照明时间。因此，用户几乎可以将它移动到任何地方使用，不再受到电源线的干扰。（图 6-6）

图 6-6　Lumio 创意 LED 灯

七、15 分钟沙漏台灯

15 Minutes Lamp 沙漏台灯，为什么叫做"15 分钟的灯"，因为沙漏里的沙子埋住光源需要 15 分钟。在开灯之后沙漏里的细沙会随着时间的流逝一点点漏下，慢慢的光源就会被细沙所掩埋，灯光自然也就从亮变暗，在大约 15 分钟左右，当光源被漏斗中的细沙全部掩埋时，灯光就会自动熄灭。

当然，台灯中的细沙是否漏下、漏下速度的快慢是可以人为控制的。台灯的上半部可以旋转，也就是沙漏的开关，当开始倒计时时，沙子则开始漏下。时间也分为 15 分钟、30 分钟、45 分钟和 60 分钟四种选择，时间越长，则沙漏的速度越慢。当沙子漏完，你却还想继续使用台灯，那只需要直接把沙子再倒回去即可。

15 Minutes Lamp 沙漏灯由 Hye Min Lee 和 Sun Hwa Jung 设计师设计，是 2013 年 IDEA 设计奖的获奖作品。（图 6-7）

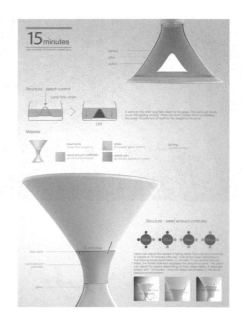

图 6-7　15 分钟沙漏台灯

八、创意滑块书架

费半天力气才整理好的书籍，一不留神，书籍就像没吃饱饭一样东倒西歪，不是斜靠着就是彻底倒下。你是不是也有这样的困扰呢？Colleen Whiteley 设计的这款挂壁式书架就考虑到这个问题，在木板中间打出长条形的滑道，可在底板上通过滑槽和带紧固螺栓的滑块来实现书的固定与放松。使用者可以根据实际需求把滑块滑到合适的位置，然后拧紧螺丝，实现对放书区域大小的控制。烦透了时不时书本倒下的人，不妨考虑下这款书架吧！（图 6-8）

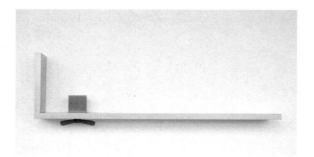

图 6-8　创意滑块书架

九、创意仿生飞鱼椅设计

不仅仅"仿生"了一只鱼，将它折成不同的角度，就可以看到不一样的鱼！这是 Designarium 的创意总监 Stephane Leathead 设计的第一款椅子，灵活多变的个性，宛若鱼的自由，曲线流畅利落又优雅，原木制作更是突显自然美！（图 6-9）

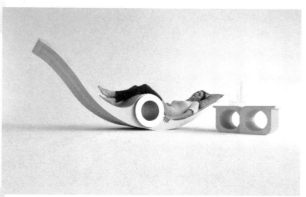

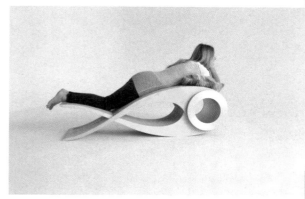

图 6-9　仿生飞鱼椅设计

十、TOKYO 东京桌

这款名字叫做 Tokyo（东京）的桌子，是加拿大设计师 Loïc Bard 一趟日本之旅后受启发而设计的，低矮而又柔和的边缘线，延伸出一个杂志仓，这是设计师在蒙特利尔的个人工作室中精心手工制作的。设计师说：我设计这款桌子，是感受和怀念日本清新的气氛、简单的器皿和乡村环境的茶道。（图 6-10）

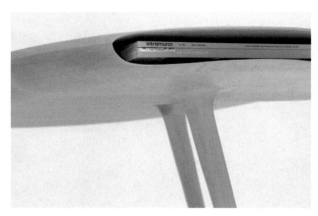

图 6-10　东京桌

十一、科勒 Moxie 蓝牙音箱喷淋头

如果你喜欢在洗澡时放声高唱，科勒最新款带音乐播放功能的莲蓬头一定会让你的发泄更加痛快淋漓。这款科勒 Moxie 其实是带有可拆卸蓝牙播放器的花洒，播放器用磁铁固定在花洒的中心。通过跟手机、MP3 或其他支持蓝牙的音乐播放装置相连，就能让你的莲蓬头放声高歌。科勒表示，Moxie 莲蓬头的续航力可以达到七个小时，并带有充电／播放可变色指示灯。（图 6-11）

图 6-11　科勒 Moxie 蓝牙音箱喷淋头

十二、有趣实用的儿童衣柜

家里有了这样一款衣柜，就再也不怕衣服混乱不堪，找衣服的时候也能轻轻松松就找到了，这么直观的设计，让我们省却了很多麻烦。（图 6-12）

十三、Ballo 染色球形扬声器

现在为智能手机推出了很多款外接扬声器，不过 OYO 的新款 Ballo 扬声器可能是我们见过的最时尚的。它是由瑞士设计师 Bernard Burkhard 所设计，当这款扬声器被放

图 6-12　儿童衣柜

置在一个平面上时，Ballo 可以提供 360 度的环绕声以及增强的低音音效。这款扬声器本身是单声道的，但是如果在一个分流器中插入两个 Ballo 扬声器就能够实现立体声音效。该款扬声器可与大多数的智能手机兼容，另外它还有 10 种不同的颜色可供选择。（图 6-13）

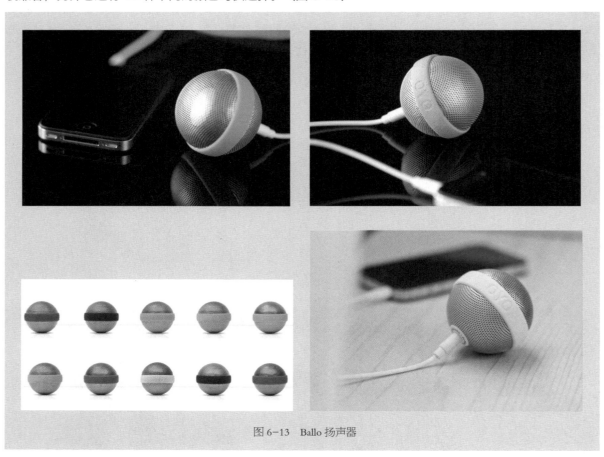

图 6-13　Ballo 扬声器

十四、创新的安全门把手

　　这是一款安全门把手，它的创新之处是可以有效地防止门在关上时，手指被门夹伤的情况发生。它利用延长出的橡胶棒，以及把手本身与门之间的横向距离，在门被关上时把手的橡胶棒与门框碰撞，使门无法完全关闭，从而使门与门框之间产生一定的安全空间，有效地防止手指被夹伤。当想要把门关紧时，旋转把手，使橡胶棒越过门框即可。（图 6-14）

图 6-14　创意安全门把手

十五、Zoomin 放大镜指针概念手表

由 Gennady Martynov&Emre Cetinkoprulu 夫妻档联合设计的这款外形简洁的 Zoomin 手表，里面有两个表盘，分别执行时针和分针的功能，传统指针被迷你型放大镜取代，时针按照手表中心旋转，不同以往的是，分针依靠外面大圆旋转，每一分钟都在表上显示，放大的数字可以让你看得更清楚、更直观。(图6-15)

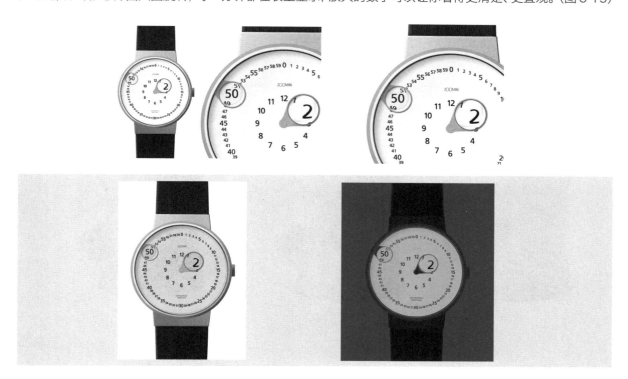

图 6-15 Zoomin 概念手表

十六、Opus 创意平衡椅子设计

Dor Ohrenstein 设计的 Opus 凳子的设计灵感来自中国的传统医学的养生理论，就是要时刻保持身体与精神的平衡。Opus 凳子的下方是一个球体，使用者需要依靠身体来保持平衡才能很好地坐在上面，从而起到锻炼的作用。（图 6-16）

图 6-16　Opus 平衡椅

十七、松鼠花盆和纸巾筒

泰国 new arriwa 所设计的松鼠花盆，获得了丹麦设计优秀奖，这款作品以树干造型的花盆将松鼠放置在里面，而松鼠会依花盆里的水位上升下降，就可以很清楚地知道目前的水位，要加水时是可以直接从树枝的孔洞注水，十分可爱又有创意。

松鼠系列的作品还有这款擦手纸巾筒，同时也是树干造型，松鼠在里面是站在纸巾上，当纸巾越抽越少，松鼠就会一直下降，直到纸巾抽完时，松鼠就整个看不到，极富创意。（图 6-17）

图 6-17　松鼠花盆和纸巾筒

陈汗青. 产品设计. 武汉：华中科技大学出版社，2005. 11

何晓佑. 产品设计程序与方法. 北京：中国轻工业出版社，2000. 4

张展，王虹. 产品设计. 上海：上海人民美术出版社，2002. 1

李亦文. 产品设计原理. 北京：化学工业出版社，2003. 8

韩春明. 工业产品造型设计. 北京：机械工业出版社，2002. 6

汤军. 工业设计造型基础. 北京：清华大学出版社，2007. 2

李锋，吴丹，李飞. 从构成走向产品设计. 北京：中国建筑工业出版社，2005. 6

参考文献

图书在版编目（CIP）数据

产品设计原理与方法/熊杨婷等主编.—合肥：合肥工业大学出版社，2017.6（2020.8重印）
ISBN 978-7-5650-3449-7

Ⅰ.①产…　Ⅱ.①熊…　Ⅲ.①产品设计　Ⅳ.①TB472

中国版本图书馆CIP数据核字（2017）第164535号

产 品 设 计 原 理 与 方 法

主　　编	熊杨婷　赵　璧　魏文静
责任编辑	袁　媛　王　磊
封面设计	刘荨荨
内文设计	陶霏霏
技术编辑	程玉平
书　　名	产品设计原理与方法
出　　版	合肥工业大学出版社
地　　址	合肥市屯溪路193号
邮　　编	230009
网　　址	www.hfutpress.com.cn
发　　行	全国新华书店
印　　刷	安徽联众印刷有限公司
开　　本	889mm×1194mm　1/16
印　　张	6
字　　数	260千字
版　　次	2017年6月第1版
印　　次	2020年8月第2次印刷
标准书号	ISBN 978-7-5650-3449-7
定　　价	42.00元
发行部电话	0551-62903188